MÉMOIRE

SUR LES

BARRAGES DE RETENUE DES GRAVIERS

DANS LES

GORGES DES TORRENTS

PAR

PHILIPPE BRETON

INGÉNIEUR DES PONTS ET CHAUSSÉES.

PUBLICATION AUTORISÉE PAR SON EXCELLENCE M. LE MINISTRE DE L'AGRICULTURE, DU COMMERCE ET DES TRAVAUX PUBLICS.

PARIS

DUNOD, ÉDITEUR

LIBRAIRE DES CORPS IMPÉRIAUX DES PONTS ET CHAUSSÉES ET DES MINES

49, QUAI DES AUGUSTINS.

1867

MÉMOIRE

SUR LES

BARRAGES DE RETENUE DES GRAVIERS

DANS LES

GORGES DES TORRENTS

OBJET DE CETTE ÉTUDE.

Les mesures conservatrices de la végétation sur les montagnes viendront trop tard.

Parmi tous les moyens de défense qu'on pourra jamais opposer aux ravages que les torrents causent dans les vallées où ils débouchent, le plus radical consiste, sans aucun doute, dans les mesures conservatrices propres à empêcher les ravins de creuser les flancs des montagnes ; c'est à quoi l'on veut parvenir par la conservation et le rétablissement de la végétation. Et sous ce rapport il est bon de savoir que les taillis valent mieux que les hautes futaies, que les broussailles sans valeur forestière serviront mieux que les taillis, et enfin que le genre de végétation de beaucoup le plus efficace comme défense, consiste dans ces épaisses pelouses pastorales, connues sous le nom générique d'*alpe* depuis le Tyrol jusqu'aux montagnes de la Provence[1]. Mais combien faudra-t-il de temps pour que ce remède soit résolûment appliqué partout où besoin serait, et pour qu'ensuite ses effets se développent? C'est ce qu'il est bien difficile de conjecturer d'une manière plausible. Dès les premières années

[1] On dit : l'*alpe de telle commune* est en mauvais état ; M. un tel possède *une alpe* qui nourrit tant de moutons.

de la restauration, un préfet des Basses-Alpes, M. Dugied, avait publié une étude importante sur le reboisement du département qu'il administrait; en 1841, M. l'ingénieur Surell a donné une monographie demeurée classique des torrents des Hautes-Alpes, concluant à l'*extinction* des torrents par le reboisement et le regazonnement; plusieurs fonctionnaires de l'administration forestière ont produit sur ces mêmes questions de très-bons travaux, dont quelques-uns ont été publiés; il y a déjà quelques années que, sur la demande de M. le préfet Massy, MM. les forestiers du département de l'Isère ont dressé des projets de règlement très-bien étudiés, pour l'aménagement des pâturages communaux des montagnes du département; ils ont résolu de la manière la plus satisfaisante des difficultés que bien de personnes croyaient et croient encore inabordables; car d'une part ils peuvent assurer la conservation, l'amélioration et même le rétablissement des pâturages, et d'autre part ils ont su éviter de sacrifier le présent à l'avenir; sans imposer aucune véritable gêne actuelle aux communes ni à leurs habitants, en supprimant seulement les gaspillages destructifs, ils assurent à tous un avenir d'aisance et de richesse. Eh bien, malgré le sage esprit de conciliation qui a présidé à ce travail, malgré l'habileté avec laquelle les difficultés ont été résolues, il est fort à craindre que les routines locales, d'autant plus tenaces qu'elles sont plus vicieuses, et d'autres obstacles que je ne connais pas, menacent d'ajourner pour longtemps ces mesures qui deviennent plus nécessaires chaque année. Enfin l'administration parviendra sans doute, tôt ou tard, à vaincre cette fâcheuse inertie et à mettre de l'ordre dans la jouissance des pâturages des montagnes; dès lors les effets de l'ordre seront assurés, mais ils exigeront encore quelques années pour s'accomplir, et d'autant plus que le mal à réparer se trouvera plus grave dans telle ou telle montagne. On doit donc regarder comme assuré que, avant que la vaste plaie des ravins soit guérie, les torrents formés de la réunion des ravins auront eu le temps d'achever la ruine des vallées.

Ces mesures conservatrices sont insuffisantes.

D'ailleurs certains torrents sortent de bassins d'une telle étendue, que la réglementation des pâturages et des terrains forestiers ne pourra jamais en embrasser qu'une faible fraction. Par exemple, dans le bassin de la Lignare, sur une contenance de 4 à 5,000 hectares, il y en a sans doute plus de la moitié occupée par des rochers nus, dont la transformation en pâturages bien gazonnés exigerait des siècles ; et une fraction notable du même bassin, près du faîte de la montagne de Taillefer, est située à une altitude supérieure à toute végétation. Dans les cas semblables, qui sont loin d'être rares, les mesures conservatrices seront non-seulement tardives, mais encore insuffisantes ; car elles pourront bien diminuer la quantité des graviers charriés annuellement par chaque torrent, mais ne pourront jamais tarir entièrement ce courant de pierres. Il faut donc aviser au moyen d'arrêter sans retard dans les gorges des montagnes les masses de graviers que les ravins arrachent continuellement de leurs flancs, ou bien se résigner à la ruine définitive des terrains les plus précieux du fond des vallées. Le choix ne semble pas douteux, et il est chaque année un peu plus urgent d'établir dans les torrents des barrages pour la retenue des graviers.

Attributions respectives des forestiers et des ingénieurs.

M. Picot, lorsqu'il était ingénieur en chef de l'Isère, traçait ainsi la limite des attributions respectives des ingénieurs et des forestiers : ceux-ci ont à rechercher et appliquer les mesures conservatrices propres à empêcher les fragments de roches, les sables, les terres, d'être arrachés du flanc des montagnes ; mais aussitôt que cet arrachement est accompli, ces matériaux échappent à l'action des mesures conservatrices ; ils sont alors en marche suivant le fond des ravins et le lit du torrent, et c'est par des travaux en aval seulement qu'on peut arrêter leur marche. Telle doit être l'attribution des ingénieurs dans l'ensemble des travaux de défense contre les torrents. Si les ravins sont peu étendus, si leur fond n'est actuellement encombré que d'une faible quantité de gravier qui menace de descendre, on pourra se borner aux mesures conservatrices, et l'affaire ne regardera que les forestiers. Mais si la masse des graviers en marche est immense, les ingénieurs doivent aviser au moyen de les arrêter.

Étude sur la position, le nombre et la hauteur des barrages de retenue des graviers.

Les diverses questions relatives à l'établissement des barrages pour la retenue des graviers ont été l'objet d'études déjà nombreuses. Néanmoins les idées ne me semblent pas encore bien fixées sur les résultats à attendre de ces barrages ; il reste encore de grandes hésitations sur le choix de l'emplacement, sur le nombre des barrages, sur la manière la plus convenable de les construire, sur la durée de leur efficacité. Après avoir longtemps réfléchi sur ces questions, je me suis arrêté à cette idée que, pour préserver de l'invasion d'un torrent une plaine où il débouche, il faut établir en premier lieu *un seul* barrage, placé *à la sortie de la gorge* ou tout auprès; puis un second barrage à quelques mètres seulement en amont du premier, lorsque celui-ci cessera d'être efficace; puis un troisième à quelques mètres en amont du second, lorsque à son tour le second aura achevé le service qu'il peut rendre, et ainsi de suite. Tel est le sujet de ce mémoire. Pour justifier cette marche, il faut d'abord fixer les idées sur quelques-uns des effets des torrents, propres à prévoir les effets des barrages.

PREMIÈRE PARTIE

CONSIDÉRATIONS GÉNÉRALES SUR LES GRAVIERS DES TORRENTS.

CHAPITRE PREMIER.

THÉORIE DE L'ENTRAINEMENT DES GRAVIERS.

Effort de l'eau tendant à entraîner une pierre.

La force qui entraîne les graviers des torrents est due à l'impulsion des filets liquides en contact immédiat avec le fond, ainsi qu'à la pression de tout autre filet transmise par l'intermédiaire des filets plus voisins du fond. Lorsqu'un filet liquide, en rasant le fond, vient heurter un caillou par l'amont, il se dévie pour contourner cet obstacle, en passant à côté ou par-dessus, et de cette déviation naît une force centrifuge qui accroît la pression du côté où le filet tourne sa convexité. Ensuite une mince couche liquide qui coule ainsi autour d'une pierre est elle-même un obstacle au libre écoulement des filets supérieurs : elle force à son tour la couche suivante à se dévier pour la contourner, et ainsi de suite jusqu'à la surface libre du courant. Toutes les déviations, tous les ralentissements qu'une pierre saillante du fond détermine ainsi dans les divers filets, donnent lieu à des pressions élémentaires distinctes de la pression hydrostatique ; ces pressions dues à l'état de mouvement troublé par une pierre du fond ont une résultante générale dirigée vers l'aval, qui détermine l'entraînement de la pierre si les résistances sont insuffisantes.

L'effort d'entraînement croît avec le débit.

Cet effort d'entraînement croît avec le débit du torrent. D'abord, quand le débit est très-petit, quand l'eau couvre à peine les pierres les plus saillantes du fond, l'effort qui tend à les entraîner en aval est dû à la totalité du courant depuis le fond jusqu'à la surface; mais la petite masse du débit ne fournit alors qu'un travail moteur très-faible, qui se consomme en entier dans les petits remous qui tournoient dans les interstices des galets. Quand le débit est plus considérable, les pierres du fond, quoique noyées complétement, marquent encore au dehors leur présence par autant de protubérances à la surface de l'eau; la puissance d'entraînement est alors un peu plus grande que dans le premier cas, et la masse entière de l'eau débitée y concourt directement. Ensuite, si le débit continue à croître, les inégalités du fond ne se remarquent plus distinctement à la surface de l'eau; cette surface présente alors des saillies et des creux, qui le plus souvent demeurent à peu près fixes malgré l'écoulement incessant de l'eau. Nous n'entreprendrons pas l'étude difficile de ces effets complexes; mais sans entrer dans le détail, on conçoit que les filets liquides voisins de la surface ne sont plus influencés directement et distinctement par chaque pierre du fond; mais la vitesse des couches superficielles, plus grande que celle des couches profondes, entraîne celles-ci par cohésion; et celles-ci se laissent accélérer jusqu'à ce que leur vitesse rencontre au fond une résistance égale à l'entraînement des couches supérieures. Ainsi tout accroissement de débit fait croître la puissance d'entraînement.

Il croît avec la pente du lit.

L'effort d'entraînement s'accroît ou diminue aussi indépendamment du débit quand la pente augmente ou diminue. Car l'accroissement de la pente fait croître proportionnellement le travail moteur de la pesanteur sur la masse débitée, ce qui fait croître les vitesses de tous les filets liquides ainsi que leurs différences, jusqu'à ce qu'ils rencontrent sur le fond une résistance dont le travail soit exactement égal au travail moteur. Et si, avant que le travail résistant soit devenu égal au travail moteur, l'effort d'entraînement dépasse la résistance sur quelques points, des parties du fond se mettent en mouvement, et en roulant sur celles qui sont demeurées fixes, engendrent de nouvelles résistances qui entrent dans le règlement spontané du mouvement.

Il croît avec la grosseur des pierres comme les quarrés de leurs dimensions.

La puissance d'entraînement croît encore avec les dimensions absolues des galets qui tapissent le fond ; car l'action totale de l'eau sur un galet du fond étant une résultante d'actions superficielles, il doit varier à peu près comme l'étendue superficielle, c'est-à-dire devenir 4 fois, 9 fois plus grand quand les dimensions deviennent doubles ou triples.

Il est moindre pour les pierres plates que pour les rondes.

Pour deux pierres de même volume et de même poids, l'une ronde comme une boule et l'autre plate comme une ardoise, l'effet d'entraînement est plus grand sur la première que sur la seconde, parce qu'elle oppose au passage de l'eau un obstacle plus saillant.

Résistance à l'entraînement. Frottement et poids dans l'eau, proportionnels aux cubes des dimensions.

Quant aux résistances qu'une pierre du fond peut opposer aux efforts qui tendent à l'entraîner, on doit compter d'abord sur le frottement de cette pierre contre les autres pierres du fond, frottement proportionnel au poids de la pierre dans l'eau, puis sur une composante de ce même poids tendant à empêcher cette pierre de se soulever pour rouler ou glisser sur le dos des pierres qui la supportent. Ce poids est une action moléculaire de toute la masse de la pierre, et il est proportionnel aux cubes des dimensions pour des galets semblables. Si l'on considère par exemple cinq galets de forme semblable dont les dimensions sont comme les nombres 1, 2, 3, 4, 5, ils reçoivent des efforts d'entraînement qui sont entre eux comme les quarrés 1, 4, 9, 16, 25, tandis qu'ils opposent des résistances qui sont comme les cubes 1, 8, 27, 64, 125. Le rapport de la résistance à la puissance varie donc comme les quotients $\frac{1}{1}, \frac{8}{4}, \frac{27}{9}, \frac{64}{16}, \frac{125}{25}$, c'est-à-dire comme les nombres naturels 1, 2, 3, 4, 5, ou comme les dimensions elles-mêmes ; si donc la plus grosse de ces pierres a tout juste assez de résistance pour demeurer en place, la plus petite éprouvera un effort cinq fois plus grand que la résistance qu'elle peut opposer ; ou bien si la plus petite des cinq résiste tout juste assez pour demeurer en place, la plus grosse oppose une résistance quintuple de l'effort d'entraînement.

Résistance des galets plats ou ronds.

Pour deux pierres de même volume et de même poids, l'une ronde et l'autre plate, la résistance du frottement est la même de part et d'autre ; mais le roulement rencontre une résistance plus grande dans la pierre plate, car, pour tourner autour de son bord d'aval, elle est obligée de se soulever ; tandis que si elle est ronde et qu'on la fasse rouler sur un plan horizontal, son centre de gravité ne monte ni ne descend. Ainsi, les pierres les plus aplaties qui présentent le moins de prise au courant sont aussi celles qui, en s'appuyant sur le fond, résistent le plus efficacement.

Effets de la position angulaire sur la puissance et la résistance.

Enfin, dès qu'un galet n'est pas tout à fait rond, sa situation angulaire par rapport à la direction du courant influe beaucoup sur la puissance d'entraînement du courant et sur la résistance de la pierre. On s'en rendra compte à l'inspection simple de la figure 2 ; pour donner aux éléments de la question des noms qui permettent de décrire les effets qui doivent se produire, nous prenons pour exemple un galet ovale en tout sens ; il a un de ses diamètres plus grand que tous les autres qui est sa *longueur*, un diamètre d'équerre au premier plus petit que tous les autres qui est l'*épaisseur*, et un troisième diamètre d'équerre au plan des deux premiers est le diamètre moyen ou *largeur*. Si on coupe ce galet ovale par trois plans rectangulaires menés chacun par deux de ces trois diamètres principaux, on a la grande section principale ou le *plat* contenant la longueur et la largeur, la petite section principale ou le *bout* contenant la largeur et l'épaisseur, et la moyenne section ou le *champ* suivant l'épaisseur et la longueur.

Description de la position des galets dans les torrents.

Or, quand on observe une plage de torrent, on reconnaît que les galets y affectent une position angulaire toujours la même, indiquée dans les trois vues de la figure première. La longueur de chaque galet se place en travers du courant, la largeur relevée vers l'aval, et l'épaisseur penchée vers l'amont contre le mouvement de l'eau. Si de la rive droite on regarde vers la gauche, les galets montrent leurs bouts ovales, leur largeur relevée en aval ; en regardant vers l'amont, les galets se présentent de champ sous leur figure la plus allongée, la longueur étant horizontale et l'épaisseur semblant à peu près verticale ; enfin, en regardant vers l'aval, on voit de chaque galet apparent à peu près la moitié du plat, sous un aspect assez arrondi ; ce sont des ovales ayant toujours leur longueur horizontale, et dont on aperçoit seulement la demi-largeur, le tout imbriqué presque en écailles de poisson ou comme des tuiles plates sur un toit. Les paysans qui habitent les bords des torrents connaissent bien cette disposition des galets ; et quand ils piochent du gravier à la tâche, ils ont grand soin de faire face à l'aval, afin que le fer de la pioche pénètre entre les galets parallèlement au plat. S'ils font face à l'amont, l'outil devant pénétrer perpendiculairement au plat des galets, le travail de la fouille peut être doublé ou triplé. Cet effet est d'autant plus prononcé que les galets sont plus aplatis.

Les géologues aussi connaissent bien cette disposition des cailloux roulés dans les torrents, et savent ainsi déterminer la direction des anciens courants diluviens qui ont formé les terrains de cailloux roulés.

Explication de cet effet.

Pour comprendre la cause de cet effet naturel, il faut considérer (fig. 2), un galet ovale posé sur un fond inégal dans un courant : s'il est calé en amont, comme le caillou A par le gravier *b*, un filet d'eau *cd* arrivant sous le bord relevé du caillou est obligé de rebrousser en arrière suivant *de*, avant de pouvoir s'élever par-dessus le plat suivant *ef* ; la résultante des pressions dues à cette déviation est une force *n* tendant à soulever le caillou en le faisant pivoter autour de son bord d'aval qui est abaissé. Au contraire, dans la position A′ du même caillou calé du côté d'aval par un gravier *b′*, le filet liquide *c′d′* subit moins de déviation pour se relever suivant *d′e′* le long du plat du galet. Il en résulte une moindre pression sur cet obstacle ; et de plus, cette pression, dirigée vers le bas suivant *n′*, appuie le caillou sur les pierres inférieures et ne tend point à le soulever. Aussi un caillou se met difficilement en marche, tant qu'il est ainsi calé par l'aval. Il faut, pour qu'il parte, que d'autres cailloux voisins soient d'abord partis, de manière que la cale *b′* s'écroule et se laisse entraîner ; c'est alors que le caillou A' tombe d'abord sur le plat, et s'il relève un peu son bord, il prend la position A, où le courant a de la prise pour le soulever; et dès lors, pour peu qu'il cède à ce soulèvement, il donne prise de plus en plus au courant, en même temps que la résistance devient de moins en moins efficace. Dès lors le caillou se met à rouler, en tombant successivement d'un plat sur l'autre, en tournant toujours autour de son grand axe, qui demeure horizontal en travers du courant. Cette succession de soulèvements et de rechutes se répète, jusqu'à ce que le bord d'aval du caillou rencontre une cale qui le retienne dans une nouvelle position stable, où il puisse rester quelque temps en repos.

Résumé des forces en action.

En résumé, la puissance d'entraînement du courant sur chaque pierre du fond dépend de la vitesse de l'eau qui la pousse, et de tout ce qui influe sur cette vitesse; puis de l'étendue superficielle et de la forme de la pierre, suivant la position angulaire où elle est placée; la résistance dépend du poids et du frottement, par conséquent du volume de la pierre, et aussi de la position angulaire. Pour chaque pierre il existe une vitesse déterminée, exactement capable de la faire rouler, tellement qu'elle résiste à toute vitesse moindre, et se met en marche pour toute vitesse plus grande.

Triage par ordre de résistance, suivant les vitesses du courant.

Il faut concevoir que toutes les matières solides existant dans un lit graveleux, depuis un grain de sable jusqu'aux plus gros cailloux roulés, soient classées suivant l'ordre de grandeur de la vitesse qui peut faire partir chacun de ces matériaux, puis qu'un courant d'abord très-faible, vienne s'établir sur une plage qui était à sec; ce courant, possédant alors une certaine puissance d'entraînement, emportera sans interruption tous les graviers de la surface de la plage dont la résistance est inférieure à la puissance actuelle du courant. Dans cet entraînement, chaque caillou part, chemine en roulant quelque temps, jusqu'à ce qu'il rencontre un calage qui le retienne, puis il repart quand le courant ébranle ce calage. Les matériaux les moins résistants sont ceux qui ont le moins de chance de trouver ainsi des positions d'arrêt qui suspendent leur roulement; ceux dont la résistance est presque égale à la puissance actuelle du courant cheminent peu sans s'arrêter, et leurs temps d'arrêt sont longs. Ainsi, chaque gravier se laissant devancer par ceux qui résistent moins que lui, et devançant tous ceux qui résistent plus que lui, il se fait un triage suivant l'ordre des résistances.

Formes des galets suivant leur grosseur.

M. Cunit m'a fait part d'une observation curieuse et facile à vérifier, et qui ne peut s'expliquer que par une grande inégalité de vitesse suivant les grosseurs; c'est que, sur chaque partie des plages d'un torrent, les plus gros cailloux sont les plus arrondis; sur ceux de moyenne grosseur on commence à discerner les parties les moins courbes de leur surface, restes des faces quasi-planes du fragment polyédrique qui s'est émoussé en galet; sur les graviers, à mesure qu'on descend dans l'ordre de grandeur, les arêtes et les angles de ces polyèdres sont de moins en moins effacés, les faces sont de plus en plus apparentes; et enfin si on regarde à la loupe le sable des torrents, on le trouve nettement anguleux. Cela vient, selon M. Cunit, de ce qu'un gros galet qu'on observe dans un torrent a subi un travail d'usure de toutes les pierres moins grosses que lui, qui ont passé sur lui et l'ont devancé, et cela pendant un temps très-long, en raison de la lenteur et de la rareté des déplacements des plus gros blocs; les plus petits fragments ne font que passer, presque sans s'arrêter, sur tous ceux plus gros qu'eux-mêmes, et leurs arêtes les plus aiguës sont à peine entamées. Les exemples de cette observation sont aussi nombreux que les torrents eux-mêmes, mais on trouve rarement de très-gros blocs; quand on en rencontre on remarque leur forme singulière, presque parfaitement lisse et sphérique. C'est ce qu'on voit dans l'alluvion ancienne sur laquelle est établi le village de Séchilienne; on y trouve des blocs granitiques de 60 à 80 centimètres, et même de plus d'un mètre de diamètre, ronds comme des boules; les galets de 30 à 50 centimètres de diamètre commencent à s'écarter de la forme sphérique; ce sont à peu près des ellipsoïdes à trois axes sensiblement inégaux; ceux de 20 à 30 centimètres ont des méplats sensibles, un gros bout et un petit bout; ceux qui sont gros comme le poing sont presque anguleux; les menus graviers gros comme des noisettes ont leurs arêtes à peine émoussées, et le tout est mêlé sans ordre avec du sable tout à fait anguleux. Les torrents en partie éteints qui descendent de la chaîne du Beldone et débouchent sur la rive gauche de l'Isère, dans la vallée de Graisivaudan, offrent des exemples de cette observation, plus complets que dans beaucoup d'autres torrents, à cause de la présence de blocs très-gros, et très-bien arrondis en proportion de leur grosseur. Cela se voit surtout facilement dans le torrent de Bréda, en amont de Pontcharra.

CHAPITRE II.

CONSÉQUENCES DE LA THÉORIE DE L'ENTRAINEMENT.

Concavité du profil en longueur.

Si donc le torrent avait un débit invariable, il établirait son lit suivant une pente décroissante de l'amont à l'aval, la pente de chaque partie du lit étant réglée spontanément suivant la résistance des matériaux qui en tapissent le fond, de manière que la vitesse de fond, déterminée par le débit permanent et par la pente locale, soit tout juste suffisante pour emmener en aval autant de matériaux qu'il en vient de l'amont. De là résulte la forme concave du profil en long des lits de torrents. Quant à chercher une loi géométrique de cette concavité, c'est, je pense, une illusion à laquelle il faut renoncer. Si un torrent ne roulait que des graviers de *deux* résistances distinctes, il finirait par régler son lit suivant *deux* pentes seulement, suffisant respectivement pour entraîner les matériaux de ces deux classes. Mais la résistance variant par tous les degrés intermédiaires entre deux valeurs extrêmes, toutes les pentes intermédiaires prennent leur rang dans le profil en long; et chacune de ces pentes occupe dans ce profil une place proportionnée à l'abondance des graviers dont la résistance est équilibrée avec cette pente. Telle est la vraie loi physique de cette courbure, et elle n'a aucune relation avec les lois géométriques de courbes connues, auxquelles on a essayé très-arbitrairement d'assimiler ces profils en long. On ne peut savoir qu'une seule chose sur la loi de cette concavité : c'est qu'elle est assujettie à la loi de continuité. Mais cette continuité est compatible avec une infinité de formes diverses, parmi lesquelles une seule règle doit être admise, savoir : que les graviers que charrie un torrent ont des grosseurs et des formes dépendant de la nature minérale, de la fragilité des roches d'où ces matériaux sont tirés, des chances de fracture des fragments avant leur arrivée dans le courant, en un mot d'une foule de circonstances qui peuvent être très-variables d'un torrent à un autre, mais qui ne peuvent varier pour un même torrent qu'à la suite d'épuisements séculaires. Si tel torrent arrache de son bassin des cailloux plats comme des ardoises, et tel autre des fragments calcaires qui s'arrondissent comme des billes, les lits de ces deux torrents se régleront suivant des courbures très-différentes ; mais chacun d'eux conservera la même forme de profil longitudinal, tant que les ravins n'auront pas épuisé le bassin montagneux de la roche qui fournit actuellement les graviers.

Durée séculaire de la distribution des concavités du profil en long de chaque torrent.

De là je crois pouvoir conclure à coup sûr que, parmi les éléments variables qu'on peut observer dans un torrent, il y a une donnée facile à recueillir, et qui doit demeurer invariable pendant fort longtemps, ou même pendant un grand nombre de siècles : cet élément durable, c'est la distribution des concavités du profil en long.

Cette distribution, jointe au débit annuel du courant de pierres et à la puissance annuelle des crues, détermine un profil en long que le torrent tend à maintenir, sauf les changements lents qui roidissent ou aplatissent toutes les pentes à la fois. Si une cause accidentelle vient déranger ce profil, le travail du torrent le rétablit spontanément, et il en vient à bout en un temps qui peut presque être déterminé d'avance.

Action de la variabilité du débit.

Pour plus de simplicité, je viens de considérer un torrent dont le débit ne changerait jamais, comme serait le trop plein d'un lac très-grand dont le niveau serait invariable. Dans un tel courant le triage des graviers serait complet, et à la longue chaque partie du lit ne contiendrait plus (au moins à la surface du lit) que des graviers d'égale résistance à l'entraînement. Mais un torrent à débit invariable est une rareté probablement introuvable. Les plus nombreux ont un débit qui varie chaque année, depuis une valeur nulle ou très-petite, jusqu'à des volumes formidables. Il faut donc examiner les effets distincts des hautes et des basses caux, puis l'effet définitif qui résulte de leur développement alternatif.

Les basses eaux raffermissent le fond.

Pendant les basses eaux, le courant emporte de temps en temps quelques pierres du fond, en commençant par les moins résistantes et laissant en place toutes celles qu'il est actuellement incapable de remuer. Si les basses eaux durent assez pour qu'il ne reste plus, dans une certaine étendue du lit, que des pierres trop résistantes, le courant ne peut plus attaquer son lit tant que les eaux restent aussi basses. En effet, une plage où un courant affaibli a coulé pendant quelques mois depuis les dernières crues a sa surface toute tapissée de galets dont aucun n'est au-dessous d'une certaine résistance ; mais si on enlève ce revêtement superficiel comprenant tous les galets restés apparents, on trouve au-dessous des galets mêlés à des pierres moindres, et même à des graviers menus et à du sable.

Les hautes eaux bouleversent le fond.

Mais à une crue subséquente, si le gros du courant revient envahir cette même plage, il emporte d'abord les pierres qui la tapissaient en dessus, et met ainsi à découvert un mélange de matériaux de toutes les résistances moindres. Le tout se met alors en marche avec des vitesses inégales pendant toute la durée de la crue. Et quand les eaux baissent, les pierres en mouvement s'arrêtent successivement, suivant l'ordre décroissant des résistances.

Corrosion des rives pendant la baisse des crues.

Je présume que ces arrêts successifs de matériaux de moins en moins résistants pourraient servir à expliquer en partie un fait singulier, qui m'a été certifié par les propriétaires riverains de toutes les rivières torrentielles des Basses-Alpes, fait que j'ai moi-même observé plusieurs fois : c'est que ces cours d'eau n'attaquent presque jamais leurs rives pendant le plein de la crue, pendant que les eaux couvrent toute la plage d'une rive à l'autre. Alors, disent les riverains, l'eau file tout droit sans attaquer ses rives ; c'est quand les eaux s'abaissent que le courant se met à serpenter capricieusement, va heurter ses rives tantôt ici, tantôt là, et en quelques minutes emporte de grandes étendues de terre cultivée. Ces terres tombent par grands quartiers dans le courant encore violent qui les délaye aussitôt.

Explication de cette singularité.

Le serpentement et les incidences offensives qu'il produit alternativement sur les deux rives expliquent bien les corrosions des terres. Le serpentement est d'ailleurs le plus grand possible dans les plus basses eaux ; mais alors la petitesse du débit annule la corrosion ; et pendant les plus hautes eaux la rectitude ou au moins le parallélisme des courants partiels peut aussi annuler ou affaiblir la corrosion, malgré l'énormité du débit. Il y a donc entre ces deux extrêmes une valeur du débit maximante de la puissance de corrosion, valeur par laquelle le débit passe deux fois à chaque crue, pendant la hausse et pendant la baisse des eaux : la question est d'expliquer pourquoi les corrosions produites sont nulles pendant la phase croissante de la crue, et deviennent surtout redoutables pendant la phase décroissante. On peut apercevoir deux causes distinctes de cette diversité d'action, savoir : 1° la durée de la décroissance des eaux beaucoup plus grande que celle de leur croissance, et 2° les états différents du lit après une longue durée de basses eaux ou après quelques heures de grande crue. Donnons à ce sujet quelques explications[1].

Loi de propagation des crues.

[1] L'incompressibilité de l'eau ou la permanence de son volume conduit facilement à reconnaître une des lois de la propagation des crues dans un courant. En effet, soient (fig. 3) :

AB le profil en long du fond d'un torrent;

CD celui de la surface des basses eaux;

EF celui d'une crue en cours de propagation;

FC une courbe en S raccordant les profils des hautes et des basses eaux, courbe qui prendra le nom de *tête de crue;*

v la vitesse moyenne, ω la section, q le débit des basses eaux dans le profil transversal BD;

V, Ω, Q les quantités analogues pour les hautes eaux dans le profil transversal AE;

Au bout d'une seconde, la partie du lit comprise entre les profils fixes AE et BD a reçu par l'amont un volume d'eau Q et évacué par l'aval un volume q; le volume d'eau contenu entre ces deux profils s'est donc accru de la différence $(Q - q)$ des débits. En même temps, la tête de la crue FC se déplace, et prend la nouvelle position GH, en s'avançant vers l'aval d'une longueur moyenne u, qui est la *vitesse de propagation* de la crue. Or, le volume compris entre ces deux positions de la tête de crue et les deux rives est mesuré par la différence des sections Ω et ω multipliée par le déplacement u de la tête de crue, ce qui donne l'équation fondamentale :

$$u(\Omega - \omega) = (Q - q), \text{ ou bien } u = \frac{(\Omega - \omega)}{(Q - q)},$$

Il résulte d'abord d'un calcul très-simple sur la marche des crues, que le bas de la tête de crue se déplace à peine plus vite que la vitesse des basses eaux, et le sommet de la tête de crue plus vite que la vitesse des hautes eaux. Si dans certaines rivières on observe des effets contraires en apparence, c'est parce que l'on compare les arrivées du maximum d'une crue à deux stations entre lesquelles se fait quelque grand débordement sur une large plaine, et que les nappes d'eau ainsi débordées absorbent d'abord un volume d'eau considérable, et qu'ensuite ces nappes sont fortement ralenties dans leur écoulement à travers des obstacles multipliés.

La tête de crue se raccourcit en descendant.

Mais, toutes les fois que les hautes eaux demeurent encaissées entre les rives, le sommet de la tête de crue se déplace avec une vitesse supérieure à celle des hautes eaux, en refoulant les basses eaux, ce qui raccourcit la tête de crue. C'est ainsi qu'on voit quelquefois dans les torrents une crue arriver subitement ; c'est une sorte de barre liquide qui s'avance à la manière du mascaret, et à son passage la hauteur de l'eau s'élève brusquement.

La même théorie, basée sur la permanence du volume de l'eau, s'applique aussi bien à la propagation de la baisse qu'à celle de la hausse ; par conséquent, la même cause qui raccourcit la tête d'une crue à mesure qu'elle se propage en

La queue de la crue s'allonge en descendant.

ou bien, attendu que $Q = \Omega V$ et $q = \omega v$,

$$u = \frac{(\Omega V - \omega v)}{(\Omega - \omega)}.$$

Cette expression peut se mettre dans la forme

$$u = v + \frac{\Omega (V - v)}{\Omega - \omega}.$$

comme on peut s'en assurer en réduisant au même dénominateur.

Ces équations signifient que la vitesse de propagation de la crue est égale à la différence des débits divisés par la différence des sections.

Pour une crue infiniment petite, cette vitesse de propagation prend la forme

$$u = v + \omega \frac{dv}{d\omega};$$

c'est-à-dire que la vitesse de propagation est égale à celle des basses eaux plus un terme qui est positif tant que v croît avec ω. Ainsi les crues se propagent plus vite que la vitesse du courant enflé, excepté quand les eaux débordent sur une large plaine cultivée, qui diminue la vitesse moyenne malgré l'accroissement des sections.

aval doit allonger la queue de la crue. Par exemple, si les eaux ont mis quelque part une heure à monter, elles pourront en mettre cinq ou six à baisser. Et si en grossissant elles sont restées quelques minutes seulement à la hauteur maximante de la puissance d'érosion, elles pourront y rester des heures entières pendant la baisse.

Ameublissement du lit pendant le plein de la crue.

Mais cette inégalité de durée n'est peut-être pas la cause la plus efficace de la différence signalée entre les dégâts qui se produisent respectivement pendant la hausse et pendant la baisse. Au commencement de la crue, le lit possède encore tout ou partie de la stabilité et de la résistance qu'il a acquises pendant les dernières basses eaux. Au contraire, à la fin de la crue, tout le lit a été labouré et ameubli; il est d'abord tout couvert de gravier en mouvement sous l'eau, et ces matériaux s'arrêtent par grandes plaques irrégulières, à mesure que le débit diminue; entre ces plaques déjà arrêtées, le courant continue encore quelque temps d'entraîner une partie des graviers qui commencent à serpenter; puis quand la baisse arrive au débit maximant de la puissance d'érosion, le lit ameubli se creuse profondément à toutes les incidences au pied des berges, ce qui ajoute un nouvel accroissement à la puissance d'érosion, en rassemblant le gros du courant dans une section rétrécie.

Inégale durée des basses eaux et des crues.

L'ensemble de ces effets variés tient aussi en grande partie à ce que les états de l'atmosphère qui déterminent les basses eaux et les crues ont des durées très-inégales. Chaque état du débit, s'il était permanent, établirait dans le lit une sorte d'équilibre mobile ou de mouvement permanent, et exigerait un certain temps pour atteindre une stabilité relative. Les basses eaux ayant une longue durée, qui s'étend ordinairement à plusieurs mois, le lit a le temps de s'arranger de manière à résister le mieux possible à la faible action de ces basses eaux; et quand survient une crue, le lit se trouve dans un état très-différent de celui qui le ferait résister le plus efficacement à l'action des grandes eaux. Alors les matériaux se précipitent, dans un désordre apparent, vers un nouvel état stable, mais la crue passagère n'a pas le temps de réaliser cette nouvelle stabilité. Elle est à peine ébauchée quand la crue s'écoule et s'abaisse, et dès lors le lit se prépare à revenir vers la stabilité qui convient aux basses eaux. Ce retour se fait alors par de nouvelles voies, en prenant pour point de départ l'état transitoire rapide qui existe pendant la baisse. Pendant les quelques heures que la crue a duré, l'ordre ancien a été détruit, et l'ordre nouveau à peine ébauché exige des changements considérables, pour se changer en un ordre à peu près semblable à celui que les basses eaux avaient établi avant la crue. Cette conception générale suffit, ce me semble, à expliquer pourquoi c'est pendant la baisse dés eaux que s'achèvent les avaries préparées pendant le plein de la crue.

CHAPITRE III.

STABILITÉ ET MOBILITÉ DU PROFIL EN LONG D'UN LIT DE TORRENT.

Profil de compensation.

Pour qu'une partie d'un lit de torrent conserve sa hauteur, il n'est pas nécessaire que les matériaux du fond demeurent immobiles; il suffit que cette partie du lit laisse partir en aval autant de matériaux qu'elle en reçoit de l'amont. Tant que cette compensation existe quelque part, le lit ne change pas de hauteur à cet endroit. S'il vient de l'amont plus ou moins de pierres qu'il n'en part en aval, le lit s'exhausse ou s'abaisse. C'est ainsi que le torrent règle son lit, en le rapprochant incessamment d'une forme déterminée plus stable que toute autre, forme qu'on a appelée *profil d'équilibre;* cette expression n'est pas assez compréhensive, car elle semble s'appliquer au seul cas fort rare où aucune pierre du fond ne serait jamais entraînée. Il me semble préférable d'appeler cette forme *profil de compensation.*

Deux profils stables distincts: profil de compensation et profil d'équilibre.

Et non-seulement il convient d'appeler *profil de compensation* celui qui a été désigné sous le nom de profil d'équilibre, mais en outre je propose de réserver le nom de *profil d'équilibre* pour le cas où la résistence des matériaux les plus mobiles fait exactement équilibre à la puissance d'entraînement, en sorte que l'eau n'entraîne aucune pierre. Ces deux profils sont stables, c'est-à-dire qu'ils conservent leur hauteur en chaque point; mais cette stabilité est due d'un côté à ce que chaque partie du lit gagne et perd, dans un temps donné, des quantités égales de graviers, et de l'autre à ce que le torrent ne peut plus arracher une pierre de son lit, et à ce que ce lit ne reçoit plus une pierre de l'amont.

Ainsi le profil de compensation dépend des quantités de pierres de diverses résistances formant le débit annuel de gravier, et aussi du travail total d'entraînement dont les eaux du torrent sont capables en un an. Si on parvient à tarir complétement le courant de gravier, le torrent travaillera à adoucir ses pentes jusqu'à ce qu'il ne puisse plus rien entraîner. Quand le profil de compensation est établi quelque part, si le débit de pierres vient à s'accroître, comme dans le cas d'une dévastation considérable du bassin supérieur, la compensation se trouve troublée, et elle exige un profil à pentes plus roides que le torrent travaille ensuite à établir. Si le bassin du torrent, par suite de quelque réparation naturelle ou artificielle, commence à ne plus fournir que la moitié ou le quart des graviers qu'il donnait chaque année, un profil qui avait déjà approché de la compensation avec l'ancien débit de gravier va se trouver trop roide pour la nouvelle compensation; le torrent revient alors vers cette nouvelle compensation en adoucissant les pentes de son lit.

Transformations lentes tendant à adoucir ou à roidir les pentes.

En réalité, les profils en long des torrents sont presque toujours plus ou moins mobiles; presque tous sont en cours de transformation lente, tendant à roidir les pentes pour passer du profil d'équilibre vers le profil de compensation, ou bien à adoucir ces pentes pour passer du profil de compensation à celui d'équilibre, et toujours en conservant la concavité du lit. Ces deux mouvements contraires peuvent d'ailleurs se faire de plusieurs manières; un torrent peut roidir ses pentes soit en remblayant l'amont, soit en déblayant l'aval, soit par un procédé mixte, en remblayant une fraction de son cours en amont et creusant le reste. De même un torrent peut adoucir ses pentes soit en déblayant l'amont, soit en remblayant l'aval, soit par le procédé mixte. Dans les deux cas, le procédé mixte nécessite l'existence d'un *point neutre* où la hauteur ne change pas.

Coexistence de variations contraires le long d'un même lit.

Souvent un même torrent présente dans sa longueur des parties dont les pentes sont en train de s'accroître, et d'autres où les pentes vont au contraire en s'aplatissant peu à peu avec le temps. Quand on voit des berges taillées par le torrent lui-même dans ses déjections anciennes, il est clair qu'il a recreusé son lit depuis le dépôt des anciennes déjections. Souvent on trouve sur les bords d'un torrent en train d'exhausser son lit, des terres cultivées anciennement reposant sur un fond de gravier, et on voit que ces mêmes terres vont être bientôt envahies par un exhaussement. Dans des cas semblables, on interrogerait inutilement les habitants du pays et surtout les propriétaires, sur l'ancien état des choses. Jamais ils ne reconnaissent la réalité d'un fait plus ancien que leurs souvenirs, et ils sont persuadés que ce que les plus âgés d'entre eux ont toujours vu a toujours existé. Cependant le fond de gravier sur lequel reposent ces terres est un témoin irrécusable de la formation de ce sol par le torrent lui-même ; la mise en culture de ces anciennes plages prouve que le torrent les a ensuite abandonnées, en resserrant ses divagations dans un lit abaissé ; et on ne doit pas être étonné si le torrent vient ensuite reprendre possession des anciennes plages abandonnées qui sont son ouvrage, qui font partie de son domaine naturel. Ce sont là des effets inévitables des alternatives séculaires de l'activité des torrents ; on ne peut espérer que de restreindre ces effets naturels entre certaines limites, par des travaux appropriés.

Une inégalité très-longue se propage vers l'amont.

Lorsque, le profil de compensation n'étant pas établi, le torrent travaille à le former, c'est toujours par des transports de matériaux *vers l'aval*, d'où il résulte, suivant les cas, une propagation des inégalités vers l'aval ou vers l'amont.

Soit AB (fig. 4), une courbe concave continue, représentant le profil de compensation d'un torrent, tel qu'il résulte de l'abondance, de la forme, des dimensions de ses graviers et du régime des ravins qui l'alimentent; et supposons que, sur une longueur considérable, le profil réel soit actuellement au-dessous de celui de compensation, suivant CDEF. Dans la partie CD de cette dépression, la pente se trouve trop forte, sur une longueur suffisante pour que le courant y prenne la vitesse uniforme déterminée par le débit et par cette pente ; ainsi en CD la puissance d'entraînement est augmentée, la résistance diminuée, et puisqu'il y avait compensation sur l'arc correspondant du profil général AB, la partie CD du lit laisse aller en aval plus de matériaux qu'elle n'en reçoit d'AC. Le lit se creuse donc en CD, ce qui reporte le commencement de la dépression en C'D' vers l'amont. Dans la partie moyenne DE de la dépression, parallèle à la partie correspondante du profil général, la vitesse se rétablit telle qu'elle serait sans la dépression, et il y a compensation locale. Vers la fin EF de la dépression, la pente diminuée diminue la vitesse, et la résistance à l'entraînement devient prédominante; ainsi cette partie du lit se remblaye suivant E'F', ce qui reporte vers l'amont la fin de la dépression. La dépression tout entière CDEF se propage donc de l'aval à l'amont; si cet état de choses subsiste assez longtemps, la fin de la dépression peut remonter en arrière de C, après quoi le profil général de compensation se trouve rétabli suivant CF dans tout l'emplacement que la dépression occupait d'abord.

La propagation vers l'amont d'une protubérance HIKL s'explique de même. Dans le premier tiers HI, la diminution de pente fait décroître la vitesse et provoque un exhaussement; dans le second tiers IK, la pente égale à celle du profil général rétablit la compensation locale; et dans le dernier tiers, KL la pente augmentée fait croître la vitesse, de manière à provoquer un abaissement; ainsi la protubérance HIKL se propage vers l'amont en H'I'K'L'.

Une inégalité très-courte se propage en aval en s'effaçant.

Mais pour que ces inégalités se propagent ainsi vers l'amont, il faut que les altérations de pente qu'elles déterminent existent sur des longueurs assez grandes pour régler la vitesse de l'eau suivant les lois ordinaires du mouvement uniforme. Autrement, si l'inégalité est très-courte, la propagation se fait vers l'aval, et de manière à effacer l'inégalité. Si on fait un trou, CDEF (fig. 5) dans le profil de compensation AB d'un torrent, le talus d'amont CD, beaucoup trop court et trop rapproché de l'extrémité d'aval, ne détermine aucune accélération du courant; au contraire, il n'y a là qu'un changement brusque de section : l'eau engagée dans le trou y tournoie plus ou moins en laissant le courant passer par-dessus, et les graviers venus de la partie non altérée AC du profil de compensation tombent dans le trou et y forment un talus de remblai C'D', marchant à l'aval de CD; en aval de F, la pente de compensation existe, c'est-à-dire que le courant entraîne quelques pierres; mais comme celles qui devraient compenser restent dans le trou, une partie du lit à la suite de F s'abaisse suivant E'F'. Ainsi, quand le talus en mouvement C'D' aura parcouru en descendant toute la longueur du trou, le fond sera rongé en aval d'un volume égal à celui du trou, mais suivant une pente presque égale à celle du profil de compensation. Le trou est alors presque entièrement effacé, il en reste une dépression à peine sensible, transportée en aval, et elle ne tarde pas à se combler de même en s'effaçant de plus en plus.

De même, si on a jeté dans le torrent un monticule GHIK de gravier, par-dessus lequel passent les eaux, le courant arrive au talus d'amont GH avec la vitesse acquise due aux pentes du lit distribuées le long de AG ; ce talus trop court, au lieu de provoquer un ralentissement, resserre la section d'eau et accélère la vitesse, à l'aide d'un remous à l'amont. Ainsi le tas de gravier est corrodé par son talus d'amont GH et par son sommet HI, et tout le gravier ainsi enlevé du tas arrive en aval en I'K'. La protubérance se propage ainsi en aval. Et si la saillie du tas de gravier n'est qu'une fraction de la profondeur de l'eau, elle tend à s'effacer rapidement en s'allongeant.

Une inégalité moyenne s'efface sur place par allongement.

Si les inégalités longues ou courtes se propagent en sens contraire, celles d'une longueur moyenne doivent demeurer en place, en vertu de la loi de continuité. Dans ce cas, la propagation vers l'amont existe pour la moitié d'amont de l'inégalité, et celle vers l'aval pour la moitié d'aval, d'où résulte un allongement de l'inégalité par les deux bouts et l'effacement définitif (voir fig. 6). CDE se transforme successivement C'D'E', en C''D''E'', etc.

CHAPITRE IV.

STABILITÉ ET MOBILITÉ DU PROFIL EN TRAVERS D'UN LIT DE TORRENT.

Déplacement transversal vers la rive la plus profonde.

On a considéré ci-dessus le seul profil en long d'un torrent. Mais il est fort rare que la mobilité du fond soit égale dans toute la largeur. Pour peu qu'une partie de la largeur du lit soit composée de matériaux moins résistants que le reste, ou bien pour peu que la direction et la courbure des rives conservent une plus grande vitesse à quelque partie du courant, la puissance d'entraînement y dépasse la moyenne, et cette partie du lit se creuse, jusqu'à ce que le profil en long de la ligne des plus grandes profondeurs ait pris une pente assez faible pour établir la compensation entre les matériaux amenés d'amont et ceux entraînés en aval. C'est pour cela que la section d'un torrent présente si souvent, pendant les eaux basses et moyennes, le profil triangulaire indiqué figure 7. Sur la plus grande partie de la pente douce AB, la petitesse de la profondeur tient les vitesses locales très-inférieures à la vitesse moyenne, et le courant n'a pas la force d'emporter le peu de matériaux qu'il y amène; ainsi il remblaye lentement la pente douce AB. Du côté BC, qui forme ce qu'on appelle une *rive taillée*, le courant prend toute la vitesse qui convient à la profondeur du fond B, laquelle dépasse la vitesse moyenne, en sorte que la rive taillée est rongée continuellement par le pied, même par les eaux moyennes ou par les moindres petites crues. Le profil transversal marche ainsi du côté de sa plus grande profondeur, jusqu'à ce qu'il atteigne quelque obstacle inaffouillable, ou bien jusqu'à ce que les divers déplacements transversaux donnent au lit un tracé sinueux, qui adoucisse toutes les pentes par l'allongement du thalweg, jusqu'au point d'établir la compensation.

Attraction apparente des digues longitudinales.

Ainsi s'explique un effet bien réel des digues longitudinales établies sur les rives des cours d'eau divaguants ; les riverains expriment cet effet d'une manière pittoresque, en disant que les digues attirent l'eau. C'est assurément une erreur, il n'y a point là d'autre attraction que la pesanteur, mais le fait ainsi décrit n'en est pas moins vrai. Les digues exercent sur le courant divaguant une action indirecte, qui consiste à laisser l'eau couler librement avec une grande vitesse le long de leur pied, ce qui fixe le courant dans cette position lorsque le hasard de ses divagations l'y amène. Cette fixation est si bien connue, que les riverains la mettent quelquefois à profit, en construisant une digue sur la rive opposée à celle où sont leurs propriétés. Ils obtiennent ainsi une protection indirecte qui est quelquefois très-efficace, et qui, dans certaines circonstances locales, peut être moins coûteuse que la défense directe.

Stabilité transversale des lits profondément encaissés.

Si par suite de quelque changement considérable, un grand abaissement d'un point du profil en longueur est déterminé d'une manière stable, le lit que le torrent s'était fait antérieurement doit se corroder sur une grande longueur, en s'encaissant profondément dans les déjections anciennes qui ont formé un lit devenu maintenant trop haut. Les profils en travers prennent alors la forme indiquée par la figure 8. L'eau y coule entre deux rives taillées, dont les influences opposées peuvent facilement s'équilibrer; si quelque circonstance locale détermine une corrosion au pied de la haute rive taillée CD, la masse graveleuse se rompt suivant EF et s'assied suivant un talus GH. Le pied de ce talus, moins roide que les rives taillées, est corrodé moins vite, et pour que le torrent puisse enlever toute la masse triangulaire éboulée, il faut qu'il trouve où la placer en aval. Ainsi la corrosion se trouve tellement ralentie du côté où elle avait lieu, qu'elle se produit alors de préférence sur la rive opposée AB. Et plus un torrent s'encaisse profondément dans ses anciennes déjections, plus ses divagations transversales deviennent difficiles et lentes.

Mobilité transversale des lits qui s'exhaussent.

Si au contraire un torrent exhausse son lit, en rapprochant son profil en long de la forme compensante, l'exhaussement ne se fait pas sur toute la largeur de la plage, mais seulement là où passent les eaux hautes ou moyennes. Mais si cet exhaussement continue toujours, il amène un débordement au moins d'un côté, dès que les berges de ce côté n'ont plus sur le fond une saillie suffisante pour rester supérieures aux hautes eaux. On voit alors le torrent s'épancher sur des plages anciennes qu'il avait abandonnées depuis longtemps, et qui sont restées au-dessous du lit par suite de son exhaussement. Le torrent refuse alors de rentrer dans le lit qu'il vient d'abandonner, et se fixe pour plusieurs années dans le lit où le jette la pente de la plage ; il y demeure jusqu'à ce qu'il ait remblayé ce lit à son tour au-dessus de la partie de la plage la plus voisine. De là résultent des divagations qui, à la longue, finissent par recouvrir de graviers un champ immense. Ces divagations s'élargissent de plus en plus, jusqu'à ce qu'elles soient arrêtées par des bords résistants, naturels ou artificiels. Toutes les parties de l'espace compris entre ces bords sont occupées à tour de rôle. Sur une telle plage, les parties les plus exposées à être prochainement envahies par les hautes eaux sont celles qui en ont été exemptées depuis le plus longtemps, car depuis longtemps elles n'ont point participé à l'exhaussement général et sont restées en contrebas du lit moyen.

CONCLUSION DE LA PREMIÈRE PARTIE.

Caractère expérimental de la théorie de l'entraînement et de ses conséquences.

Les descriptions exposées ci-dessus ne doivent pas être révoquées en doute en qualité de considérations théoriques ; ce sont, au contraire, presque exclusivement des descriptions d'effets réellement et souvent observés. J'ai tâché de lier ensemble ces observations au moyen de remarques et de considérations diverses, celles-ci fondées à peu près uniquement sur le principe de continuité, et sur celui-ci, que rien ne se fait de rien. Je crois donc pouvoir en toute sécurité me baser sur ces faits constants, pour prévoir et annoncer les effets des barrages de retenue des graviers. Si quelques lecteurs étaient étonnés des effets que j'ai décrits, je les prierais de consulter les personnes qui ont beaucoup observé les torrents. Je peux assurer que tous les faits décrits ci-dessus sont réellement très-connus de toutes les personnes qui ont beaucoup vu les torrents, quoique plusieurs de ces faits soient peu connus partout ailleurs ; cela tient en grande partie à ce que ces faits avaient paru sans importance à ceux qui ont pu les observer cent fois. Si on veut bien, avant de se prononcer, consulter les habitants des pays ravagés par les torrents, on verra que ces habitants s'étonneront d'une seule chose, c'est que des faits aussi connus puissent être révoqués en doute, et qu'on se soit avisé de les écrire.

DEUXIÈME PARTIE.

ÉTABLISSEMENT DES BARRAGES.

CHAPITRE V.

EFFETS D'UN BARRAGE EXHAUSSÉ SUCCESSIVEMENT SUIVANT LES BESOINS.

État naturel du torrent.

Je supposerai qu'on a à lutter contre un torrent dans l'état où la plupart de ces cours d'eau et de pierres se sont mis naturellement, c'est-à-dire que le profil en longueur, représenté par la courbe concave AB (fig. 9), est en train de s'exhausser lentement. Il faut pour cela que, sur chaque point du lit, la pente ne suffise pas tout à fait pour emmener en aval autant de graviers qu'il en vient de l'amont. Ainsi, chaque année, les orages extraient des ravins de la montagne, en amont de A, un certain volume de graviers qui passe tout par le point A et constitue en ce point le débit annuel de gravier ; à mesure que ces graviers descendent, leur débit annuel diminue de toute la quantité qui reste en chemin et qui contribue à l'exhaussement annuel. Si des circonstances naturelles ou artificielles maintiennent fixe la hauteur du lit au point B, et si on laisse les choses suivre indéfiniment leur cours spontané, la courbe AB doit continuer à se déplacer en s'élevant, non parallèlement à elle-même, mais en passant toujours par le point fixe B, jusqu'à ce qu'elle ait atteint la position A'B, qui a partout des pentes un peu plus roides que la courbe actuelle AB; cette courbe A'B sera celle que j'ai désignée ci-dessus sous le nom de *profil de compensation*, et elle demeurera fixe, par l'effet de la compensation en chaque point entre les quantités de graviers perdues et gagnées annuellement.

But du barrage. Cet exhaussement du lit de gravier peut causer la destruction de propriétés précieuses situées dans la plaine où débouche le torrent, et quelquefois sur le flanc des montagnes au sommet du cône de déjection. On doit même remarquer que la plupart des torrents ont, au sommet de leur cône de déjection, un lieu habité, dont l'importance varie depuis une ferme isolée jusqu'à un gros bourg; quelquefois le bourg ou le village s'établit d'abord dans le haut du cône, puis il s'allonge vers le bas en s'élargissant, selon les progrès de l'extinction naturelle ou artificielle du torrent. Cela s'explique en considérant que, lorsqu'un torrent commence à s'éteindre, c'est près du sommet du cône qu'on trouve plus facilement de l'eau, en même temps qu'on y est bien abrité contre les recrudescences des divagations. Mais si l'exhaussement du lit continue ou reprend sa marche séculaire, les cultures ou les habitations établies sur les flancs du cône sont menacées à chaque crue d'une destruction subite. Car le lit ne se maintient dans une situation fixe, sur l'arête culminante du cône, que parce qu'il s'y trouve encaissé, artificiellement ou naturellement; mais dès que l'exhaussement comble le creux du lit, le torrent s'échappe nécessairement d'un côté ou de l'autre, et quelquefois des deux côtés successivement. Puis, arrivé au pied du cône dans la plaine où il s'étale, le courant divague à travers les plaines cultivées, et ses ravages s'étendent au loin.

Il arrive aussi, même sans que le torrent reprenne possession des parties de son ancien cône conquises par la culture, il arrive que ses déjections dérangent le régime du cours d'eau principal coulant dans la vallée, en encombrant son lit de gravier et faisant refluer ses eaux en amont.

Un seul remède efficace peut parer à ces inconvénients ; il consiste à retenir les graviers dans la partie du lit du torrent située au fond des gorges des montagnes. Dans ces gorges, ordinairement peu accessibles et sans valeur, l'accumulation des graviers ne nuit le plus souvent à aucun intérêt. Tel est le but des barrages de retenue des graviers.

Effets en amont d'un premier barrage.

Si on établit au point C_1 un barrage C_1D_1, son effet immédiat est de former en amont un petit étang D_1E_1, où les basses eaux se tiennent à la hauteur exactement suffisante pour former, par-dessus la crête du barrage, une mince lame de déversement qui écoule tout le débit. S'il survient une crue, le niveau dans l'étang monte assez pour que le déversement écoule le débit de la crue ; et dans tout état du torrent, la longueur C_1E_1 de cet étang demeure toujours très-médiocre, attendu que les torrents qui roulent des graviers ont des pentes énormes, qui s'élèvent souvent à plusieurs centimètres par mètre, et qu'on ne peut jamais donner tout à coup à un barrage de retenue de ce genre qu'une hauteur d'un petit nombre de mètres.

Pendant une crue, le courant gonflé arrive donc à la queue E_1 de l'étang, en traînant du sable et du gravier ; là la vitesse décroît rapidement, elle ne peut plus entraîner les graviers, et les dépose suivant un talus de remblai. Ce talus s'avance successivement dans la longueur de l'étang suivant les lignes gh, $g'h'$, $g''h''$ ..... de la figure 9 ; en même temps le lit prend un mouvement d'exhaussement plus rapide en amont du point g, où le courant tombe dans l'étang ; de là naît une sorte de remous de pierres, dans le courant intermittent des graviers, qui prend successivement les positions gf, $g'f'$, $g''f''$. Pendant tout ce temps il ne passe pas une pierre par-dessus le barrage. Cela dure jusqu'à ce que le remous de pierres ait pris la position F_1D_1 qui affleure la crête du barrage. La période de l'arrêt complet est alors terminée par cet affleurement.

Si alors on ne fait rien de plus, l'extrémité F_1 du remous de pierres se déplace successivement en remontant ; par suite, sa pente augmente, et la quantité de gravier qui franchit le barrage chaque année va croissant, jusqu'à ce que le torrent ait rétabli en amont du barrage un profil D_1K_1 identique à la partie correspondante du lit naturel AB. Depuis l'époque de l'affleurement, la retenue annuelle est allée toujours en décroissant ; et quand le profil naturel est atteint en amont du barrage, le débit annuel des graviers en aval de ce point a repris la valeur qu'il avait avant les travaux. C'est la fin de la période de retenue décroissante.

Effets d'un second barrage.

Mais dans la plupart des cas il ne faudra pas laisser écouler cette période sans entreprendre de nouveaux ouvrages ; à peine les graviers commenceront à franchir le barrage en petite quantité, lorsque les intéressés reconnaîtront la nécessité de recommencer une période de retenue complète. A cet effet, on élèvera un second barrage C_2D_2 immédiatement en amont du premier, et aussi élevé au-dessus de la crête du premier que celui-ci est au-dessus du lit naturel.

Les effets du second barrage se développeront dans le même ordre que ceux du premier ; la retenue des graviers demeurera complète jusqu'à ce que le remous de graviers D_2F_2 affleure la nouvelle crête D_2 ; la courbe D_2F_2 sera plus plus longue que D_1F_1, mais ce sera la même ligne, courbée suivant la même loi locale, exhaussée parallèlement à elle-même.

Effets successifs d'une série de barrages en gradins.

A la fin de la période de retenue complète par le second barrage, on établira un troisième gradin C_3D_3, qui retiendra complétement les graviers jusqu'à ce que le remous de gravier ait pris la position D_3F_3 affleurant la crête du troisième barrage, et s'étendant jusqu'à la rencontre du lit naturel au point F_3 avec une courbe identique à D_1F_1 relevée parallèlement à elle-même de deux hauteurs de barrage.

On continuera de même, de période en période, tant que l'emplacement choisi pour le premier barrage demeurera favorable. Lorsqu'enfin ces étages successifs atteindront des points qu'il importera de ne pas dépasser, on choisira quelque autre emplacement, plus reculé dans les gorges. Assurément il n'y a rien là qui soit destiné à suffire *pour toujours*, mais il en est de même à la rigueur de tous les ouvrages de l'art, et même à la rigueur de tous ceux de la nature. Car rien de ce qui a commencé ne peut être destiné à durer toujours. Il s'agit ici de conserver les propriétés, d'abord pour un avenir prochain auquel les intéressés attachent une importance prépondérante, puis, si l'on peut, pour un avenir plus éloigné. Dans la question de la défense contre l'envahissement des vallées par les graviers des torrents, si l'on peut assurer un avenir de plusieurs siècles avec des dépenses modérées eu égard aux propriétés à défendre, il faut se contenter de ce résultat, et laisser à nos successeurs le soin de trouver d'autres moyens de défense quand il sera temps.

. . . .

Durées croissantes des périodes successives d'efficacité.

On doit admettre que les quantités de pierres arrachées annuellement par les ravins des flancs de la montagne varient peu ; ou du moins si ces quantités présentent quelquefois des différences considérables d'une année à l'autre, la compensation ne tarde pas beaucoup à s'établir ; en sorte que la moyenne annuelle établie sur dix ou vingt années consécutives varierait fort peu et resterait presque invariable pendant plusieurs siècles. Pour simplifier le calcul, pour pouvoir présenter quelques conjectures plausibles, je supposerai la moyenne annuelle absolument invariable. Dans cette hypothèse, l'efficacité de chaque étage successif de barrage durera pendant un nombre d'années proportionnel au volume de gravier retenu par chacun des barrages. A ce sujet, on ne peut établir de règle générale, attendu que les largeurs des tranches mesurées à la surface des graviers amassés varient sans loi générale d'un torrent à un autre. On peut seulement examiner quelle serait la loi d'allongement des périodes d'efficacité, pour un petit nombre de formes simples attribuées par hypothèse aux gorges profondes d'où sortent les torrents.

Par exemple, le cas le plus simple serait celui où l'espace destiné à emmagasiner les graviers serait limité latéralement entre deux plans verticaux parallèles. Dans ce cas extrême, les volumes des retenues successives comptées toutes depuis l'origine des travaux seraient proportionnels aux aires triangulaires $C_1D_1F_1$, $C_1D_2F_2$, $C_1D_3F_3$, qui ont le sommet C_1 commun, et dont les dimensions varient comme les nombres naturels ; les durées cumulées suivraient donc la loi des quarrés des nombres naturels, et les durées partielles propres à chaque étage de retenue suivraient celle des nombres impairs à partir de 1 ; si le premier barrage suffit pour dix ans, le second suffira pour trente ans, le troisième pour cinquante, le quatrième pour soixante-dix, et ainsi de suite.

Mais cet exemple ne peut jamais se présenter, même approximativement. Il faut attribuer une valeur à l'évasement des berges, auxquelles les barrages successifs s'enracineront successivement. Si on supposait que ces berges fussent des plans inclinés, les volumes totaux comptés depuis l'origine des travaux se décomposeraient en deux parties, dont une croîtrait suivant la loi des quarrés des nombres naturels, et l'autre suivant la loi des cubes ; alors les périodes d'efficacité se composeraient elles-mêmes de deux termes, l'un croissant suivant la loi des nombres impairs, et l'autre suivant celles des quarrés de nombres naturels.

Souvent ainsi les volumes des tranches de graviers à retenir par chaque barrage successif s'accroîtront plus rapidement qu'aucune des deux lois particulières désignées ci-dessus. Lorsque le plan de la plage de retenue, pris à l'origine des travaux, présente près du barrage une grande largeur qui se rétrécit rapidement presque à rien à une certaine distance, puis en amont un lit très-rétréci, entièrement couvert par les crues moyennes, comme c'est le cas de la figure 10, les volumes qui déterminent les périodes successives d'efficacité ont une partie principale assimilable à des tranches d'égale épaisseur faites dans une pyramide renversée, par une suite de plans équidistants. Mais la première section étant faite au-dessus du niveau du sommet, les tranches successives suivent la loi des différences des cubes des nombres entiers en commençant par un nombre déjà élevé.

Taux du placement.

Dans tous les cas naturels, les périodes d'efficacité s'accroîtront plus vite que les longueurs des barrages successifs ; d'où il suit que, si la dépense se trouve dans un rapport avantageux avec l'utilité pour la première période, les dépenses des autres étages, réparties sur leurs périodes respectives d'efficacité, et comparées à l'utilité annuelle, donneront des rapports de plus en plus avantageux. En conséquence il suffira que ce rapport, ou ce *taux de placement* soit acceptable pour la première période, pour qu'on soit assuré que l'opération deviendra de plus en plus avantageuse, pour un avenir de longue durée. En considérant les capitaux dépensés successivement à chaque étage comme un placement au bénéfice des intéressés, on trouvera donc que le taux de placement ira croissant d'étage en étage ; s'il arrive que l'opération paraisse d'abord désavantageuse, eu égard à l'élévation du chiffre de premier établissement comparé aux intérêts à protéger, on pourra embrasser dans la spéculation primitive deux ou plusieurs périodes d'efficacité, et examiner dans chaque exemple étudié s'il convient aux intéressés de subir pendant tel nombre d'années la charge d'une spéculation désavantageuse, en vue de l'avantage à recueillir par la suite ; ou bien encore, examiner si le jeu connu des institutions de crédit aiderait à décharger le présent aux dépens de l'avenir qui devra profiter.

Les graviers étant retenus par le barrage C_1D_1 (fig. 9) et par les autres barrages établis successivement en retraite, les crues, en coulant sur la partie C_1B du lit naturel en enlèveront quelques pierres qui ne seront remplacées par rien ; si donc le point B est fixe en hauteur, le torrent continuera à encaisser son lit entre ce point et le barrage, jusqu'à ce qu'il soit abaissé de manière que les crues, en coulant sur le lit définitif HB, n'en puissent plus rien arracher. Il faudra pour cela que ce lit ne laisse prendre aux crues qu'une vitesse insuffisante pour entraîner aucun des graviers restant à la surface du lit. Ce sera le vrai profil d'équilibre, ayant des pentes moindres que celles du profil nature AB qui est en cours d'exhaussement lent, et moindres *a fortiori* que celles du profil de compensation A_1B, qu'on n'a pas voulu laisser établir. Si les circonstances locales ne font prévoir aucun inconvénient dans ce départ du volume de gravier compris entre ce profil d'équilibre et ce profil naturel, depuis le point B jusqu'au barrage, on laissera faire ce creusement, sauf à faire au besoin quelques reprises en sous-œuvre à la fondation du barrage, chaque fois qu'elle semblera prête à se déchausser en H.

Effets d'un barrage en aval. Vrai profil d'équilibre.

Si au contraire on a des motifs graves pour empêcher le creusement du lit suivant le profil d'équilibre HB, par exemple si les graviers ainsi entraînés en aval de B risquent d'encombrer un autre lit qu'il importe de laisser libre, on peut réduire beaucoup ou même supprimer entièrement cette descente de graviers, à l'aide de petits seuils distribués sur la partie du lit dont on veut empêcher le creusement. Si on partage cette étendue, par exemple, en quatre sections au moyen de trois seuils affleurant exactement le profil naturel, l'établissement

Fractionnement du profil d'équilibre.

de quatre sections de profil d'équilibre n'exigera que l'enlèvement d'un volume de gravier égal à $\frac{4}{16}$ ou à un quart de celui qu'exigerait le profil HB sans interruption ; on pourra aussi donner à chacun de ces seuils une petite saillie au-dessus du profil naturel ; si cette saillie est égale à la moitié de la chute qui se serait formée à chaque seuil dans le cas de l'affleurement, aucune pierre ne franchira aucun de ces seuils.

Il peut arriver aussi que les circonstances locales permettent en B et un peu en amont un exhaussement égal à la moitié de l'abaissement C_1H, compris au barrage entre le profil naturel et celui d'équilibre qui se couperaient en B. Dans un tel cas, qu'un seuil un peu saillant soit établi en B, de manière à élever de cette demi-hauteur le lit immédiatement à l'amont de B, et cela suffira pour relever le profil d'équilibre de telle sorte qu'il coupe le profil naturel au milieu de la distance HB, et que ce profil d'équilibre ainsi relevé s'établisse sans qu'aucune pierre franchisse le point B.

Il est évidemment impossible de prévoir, dans une étude générale, tous les cas qui peuvent se présenter ; mais les indications ci-dessus doivent faire comprendre que le système est doué d'une flexibilité suffisante, pour se plier à des circonstances très-diverses, moyennant une étude locale appropriée.

CHAPITRE VI.

DU CHOIX ENTRE UN OU PLUSIEURS EMPLACEMENTS DE BARRAGES.

État naturel d'un torrent dont on propose d'arrêter les graviers.

Considérons (fig. 11) un torrent naissant dans des gorges profondes entre des montagnes abruptes, et débouchant au flanc d'une vallée d'alluvion ; le torrent et tous les ravins qui l'alimentent ont arraché, du pied des cônes d'éboulis des montagnes du bassin, des débris terreux et pierreux, qui ont formé un cône de déjection GDB en saillie sur la plaine DE de la vallée. Puis le travail du transport des graviers s'étant continué pendant des siècles, le cône s'est allongé par le pied, et à mesure que le pied s'avance, il provoque un relèvement successif de tout le profil en long. Les eaux des crues ordinaires coulent alors, sur le cône de déjection, le long d'une ligne de faîte, où elles sont maintenues naturellement par de faibles bourrelets formés des deux côtés par le torrent. Quand le lit, en s'élevant, rend la saillie de ces bourrelets insuffisante pour le débit des hautes eaux, les crues débordent sur les flancs du cône. Elles s'y étalent faute d'encaissement, et y déposent facilement les matières solides qu'elles charriaient. Par ce moyen, le torrent se ferme à lui-même les brèches par lesquelles il a débordé, et rentre spontanément dans son lit sur le faîte du cône. Mais avant que les eaux rentrent ainsi dans leur lit ordinaire, elles ont détruit des propriétés précieuses. C'est alors que les propriétaires tâchent de défendre leur bien, en arrêtant chez eux l'exhaussement du lit. Il faut pour cela retenir tout l'exhaussement en amont, c'est-à-dire dans les gorges, derrière des barrages de retenue des graviers. Ici se présente une question sur laquelle les avis sont partagés, et que je vais tâcher d'éclaircir :

Faut-il construire un seul barrage ou plusieurs?

Effets de trois barrages construits simultanément, distribués dans la longueur de la gorge.

Supposons que l'on construise immédiatement trois barrages en G,H,I. Le plus en amont va d'abord fonctionner seul, tant qu'il ne sera pas surmonté par les graviers qu'il retient. Pendant ce temps les pentes vont s'aplatir dans les deux intervalles IH et HG, ainsi qu'en aval de G, par suite de la suppression du courant de graviers venant de l'amont. Dans cet aplatissement, les volumes disponibles pour la retenue en amont de H et de G ne changent pas, puisqu'il n'y entre ni n'en sort aucune pierre. Quand le barrage I le plus en amont sera surmonté par les graviers, ces matériaux commenceront à combler l'intervalle IH, et alors seulement le barrage H commencera à fonctionner, c'est-à-dire à remplir son magasin de gravier ; lorsqu'à son tour ce barrage (le 2e en descendant) sera surmonté, les graviers commençant à combler l'intervalle entre H et G, le 3e barrage en descendant G entrera en fonction. Il suffira ensuite jusqu'à ce que les graviers viennent l'affleurer à son tour. Ainsi, tant que les deux autres barrages ont fonctionné, celui-ci ne servait encore à rien, et on aurait dû l'ajourner.

Puis quand le barrage placé à l'issue de la gorge a accompli le service qu'on pouvait attendre de sa hauteur primitive, il faut en élever un second un peu en amont, auquel le premier établi en G et les graviers qu'il a retenus serviront de fondation. Ce second barrage à l'issue des gorges va alors fonctionner utilement jusqu'à ce qu'il soit affleuré, et son profil d'affleurement se soudera en prolongement de l'affleurement du barrage H. Celui-ci se trouvera alors entièrement enterré dans les graviers, par derrière et par devant, ce qui montre qu'on aurait dû en épargner la dépense. Et à cette époque on se verra dans la nécessité de construire en G à la sortie des gorges un troisième barrage. Celui-ci retiendra les graviers complétement jusqu'à ce qu'il soit affleuré, et son profil d'affleurement, passant par-dessus H définitivement enfoui, ira joindre la crête du barrage I. Ainsi les cinq barrages construits, savoir d'abord trois au fond de la gorge en G,H,I, et deux autres bâtis plus tard en gradins à la sortie de la gorge, auront rendu exactement les mêmes services que les trois barrages amoncelés en G, s'ils avaient été seuls construits, et chacun seulement à l'époque où il devenait nécessaire.

Il faut choisir un seul emplacement de barrage de retenue, à l'issue de la gorge.

Il me semble ainsi démontré que la multiplicité des emplacements des barrages dans la gorge d'où sort le torrent surcharge inutilement le présent, sans aucun profit pour l'avenir. Il faut donc borner le premier établissement à un seul barrage à l'issue de la gorge, et dès qu'il est affleuré, en construire sans retard un second immédiatement en amont du premier; puis, après l'affleurement du second, en élever un troisième immédiatement en amont, et ainsi de suite.

Si, en continuant ainsi indéfiniment, on arrive trop près du niveau de quelque lieu habité ou de quelque chemin qu'on ne peut enterrer ni déplacer, on reculera en amont l'emplacement des gradins à établir plus tard. Mais toujours, à chaque époque, il convient de choisir un seul emplacement de barrage pour la retenue des graviers, et toujours le plus en aval qu'il est possible suivant les circonstances locales. Si même la surface du cône de déjections est sans valeur actuelle ou possible, il y aura souvent avantage à établir le barrage vers le pied du cône, de manière à profiter de toute cette surface pour y emmagasiner les graviers.

Multiplicité des seuils, en aval du barrage de retenue.

Toutefois il faut remarquer que cette conclusion s'applique seulement aux barrages destinés à arrêter la marche des graviers vers l'aval, à tarir le courant de pierres. Elle ne peut s'appliquer aux travaux qui ont pour but de fixer le profil en long en aval, dans la partie du lit où aucun gravier n'arrivera plus de l'amont. Là il s'agit de laisser former des parties du profil d'équilibre, qui seront déterminées par l'emplacement et les hauteurs d'un ou de plusieurs seuils. Il conviendra le plus souvent d'employer à cet effet des seuils nombreux et peu saillants. Entre deux seuils consécutifs existe, au commencement des travaux, une pente totale prise dans le profil qui s'était

6

formé spontanément ; dans cet intervalle le profil d'équilibre aura une pente totale moindre, et la différence entre ces deux pentes totales doit être rachetée par la chute sur un seuil. C'est ce qu'ont fait les riverains dans des ruisseaux peu encaissés, où l'on voulait seulement empêcher la corrosion des rives ; ils ont adopté le système d'une série de seuils peu saillants, et je crois qu'ils ont pris le meilleur parti, eu égard au but proposé. Mais ces seuils ne fonctionnent utilement que si on arrête dans les gorges tous les graviers fournis par les ravins.

CHAPITRE VII.

TYPE PROPOSÉ POUR LES BARRAGES DE RETENUE DES GRAVIERS.

Matériaux. Préférence à donner à la maçonnerie hydraulique.

On a proposé divers modes de construction des barrages dont il s'agit ici, tels que barrages en bois et gravier, en blocs d'enrochement, en maçonnerie à pierres sèches, en maçonnerie à mortier hydraulique. Les barrages où on emploierait le bois pour suppléer au défaut de cohésion des graviers dureraient peu, car les bois à demi enterrés dans des graviers souvent à sec et souvent mouillés pourriraient promptement, aussi vite que les cabrettes, plus vite que les coffrages connus sous le nom d'*arches* dans les montagnes du Dauphiné et de la Provence. Les barrages exécutés tout en enrochements et ceux en maçonnerie à pierres sèches ne coûteront jamais beaucoup moins, et quelquefois plus cher, que ceux en maçonnerie hydraulique. Ceux-ci ont sur la pierre sèche et sur les enrochements un avantage considérable, c'est leur cohésion. Dès qu'une brèche aura entamé un barrage un peu haut, tout en enrochements ou en maçonnerie à pierres sèches, le courant violent qui va se précipiter par la brèche commencée l'agrandira rapidement, et en fera une grosse avarie. Dans la maçonnerie hydraulique, les coupures ne peuvent s'agrandir que lentement, en sorte que la crue s'écoule avant que l'avarie ait pris de l'importance.

Maçonnerie hydraulique pour les digues longitudinales.

Je ne fais ici qu'étendre aux barrages de retenue des graviers la règle pratique adoptée dans le département de l'Isère pour les digues longitudinales. M. Picot et les ingénieurs sous ses ordres avaient observé souvent qu'un perré à pierres sèches est coupé depuis le bas jusqu'en haut, dès que la fondation est entamée; voulant compléter ces observations en les rendant comparatives, ils essayèrent de bâtir des perrés maçonnés avec du bon mortier hydraulique. L'expérience n'a pas tardé à montrer d'abord que les digues ainsi maçonnées ne coûtent pas beaucoup plus cher que celles à pierres sèches, parce qu'on peut y employer des matériaux moins gros et donner au perré moins d'épaisseur ; et ensuite, ce qui est capital, c'est qu'un perré maçonné avec du bon mortier peut éprouver à sa base une avarie considérable, sans être à l'instant coupé jusqu'en haut, car la partie supérieure se soutient à l'état de voûte. On a ainsi le temps de venir au secours si l'avarie menace de s'aggraver ; et quelquefois on peut attendre sans inquiétude jusqu'à une prochaine saison de basses eaux. Aussi, depuis au moins dix ans, les ingénieurs ne font plus dans le département de l'Isère de perrés à pierres sèches. Il est ici passé en règle pratique et incontestée que toute digue doit être revêtue d'un perré maçonné à mortier hydraulique. Quoique les barrages de retenue des graviers diffèrent complétement des digues longitudinales, je trouve entre ces deux genres d'ouvrages assez de conditions communes pour employer à tous les deux le même genre de matériaux.

Détails d'un profil de barrage en maçonnerie hydraulique.

Le choix des matériaux étant arrêté, le profil du barrage ne présente aucune difficulté; il faut élever un mur de soutènement avec des retraites par devant, distribuées de manière à obtenir à peu près un profil d'égale résistance; pour empêcher la chute d'affouiller le gravier au pied du mur, je fais tomber l'eau dans une cuvette, sur un radier maçonné, en contre-bas du lit naturel qui subsiste en aval sans altération; la différence de niveau est rachetée par un contre-mur, affleurant le lit naturel en aval. Pour prévenir les accidents, au cas où le courant, sortant de la cuvette encore agité, affouillerait devant le contre-mur, je fonde celui-ci un peu plus bas que le dessous du radier. Le profil résultant de ces considérations est représenté dans la figure 12, qui s'explique d'elle-même. J'ai indiqué l'effet des hautes eaux déversant en lame épaisse par-dessus le barrage. Les tourbillons roulant sur place absorberont la majeure partie de la force vive développée par la chute d'eau, de sorte qu'après le contre-mur, le courant conserve peu d'agitation. Il faut pour cela se rendre compte de la vitesse horizontale de l'eau sur la crête du déversoir, afin d'en déduire le tracé du jet parabolique, et de s'assurer que ce jet arrivera au fond de la cuvette, assez loin avant le contre-mur pour pouvoir se relever en courbe, en s'épanouissant au-dessus du contremur. (Voir à la fin, la note 2).

Gradins successifs.

Quand les graviers affleureront la crête du premier barrage, on élèvera le second gradin suivant le tracé ponctué de la figure 12. Il sera fondé sur le gravier retenu par ce premier barrage, à une distance en amont égale à celle reconnue nécessaire pour la largeur de la cuvette; le radier du second gradin sera établi en contre-bas de la crête du premier mur de chute, laquelle fera ainsi fonction de contre-mur pour le deuxième gradin. Une telle succession de gradins peut s'élever à une grande hauteur sans danger; il faut d'abord pour cela que la ligne passant par les crêtes de tous les gradins soit inclinée suivant un talus assez doux, pour que dans aucun cas on n'ait à craindre un éboulement. Ensuite, il faut que les cuvettes soient assez larges et assez profondes, pour que l'eau tombant d'étage en étage ait toujours sa force vive acquise par chaque chute absorbée dans les tourbillons sur place. A cette condition, l'eau ressortira d'une cuvette avec la seule vitesse nécessaire pour franchir en déversoir le bord de cette cuvette.

Fractionnement en exécution de la hauteur de chaque gradin.

Quand on aura arrêté le profil d'un mur de chute, on pourra quelquefois trouver de l'avantage à fractionner sa hauteur en exécution. Par exemple, pour le profil représenté figure 12, où le mur de chute s'élève de 4 mètres sur le radier et de 3 mètres sur le lit naturel, on peut se borner à construire d'abord le mur jusqu'à la deuxième retraite, à 1 mètre au-dessus du lit, en donnant à la maçonnerie toute l'épaisseur jugée utile pour le barrage complet, et ajourner la continuation du barrage jusqu'à ce que le gravier retenu en amont affleure la partie exécutée en premier lieu; on élèverait alors encore d'un mètre, dont on attendrait l'affleurement avant d'élever le troisième mètre. Ce fractionnement peut servir à épargner pendant quelques années l'intérêt des dépenses partielles ajournées; il donne lieu d'observer régulièrement la progression de la retenue des graviers, pour reconnaître par expérience la loi que suivra dans l'avenir l'allongement des périodes d'efficacité des barrages successifs. Ce fractionnement n'exigera aucun surcroît de dépense dans les torrents qui sont à sec en été; dans ceux dont les basses eaux conservent un débit sensible, chaque tranche exécutée séparément donnera lieu à quelques difficultés, pour laisser à l'eau un passage suffisant pendant qu'on élève le barrage, sans la relever en amont, puis pour fermer cette lacune malgré la pression croissante de l'eau. Tous ces détails seront faciles à étudier dans chaque application, en adoptant la construction en maçonnerie à mortier hydraulique, et même quelquefois en ciment; ils constitueraient des difficultés graves et quelquefois insolubles, si on construisait les barrages en enrochements ou en maçonnerie à pierres sèches.

Cependant, il peut se présenter des circonstances exceptionnelles, où les blocs d'enrochement coûteraient si peu, et où il serait si peu important d'élever le barrage de 2 ou 3 mètres de plus ou de moins, que le simple massif d'enrochements constituerait la meilleure solution, malgré tous les avantages de la maçonnerie régulière. Mais ces circonstances seront extrêmement rares, et quand elles se présenteront, elles seront assez faciles à reconnaître pour qu'il suffise d'en signaler d'avance la possibilité.

CHAPITRE VIII.

OBJECTION DU DANGER DES AVARIES.

Crainte des conséquences de la rupture d'un barrage.

J'ai entendu souvent des hommes instruits et intelligents objecter, contre le système de retenue des graviers par des barrages, la crainte de la rupture de ces ouvrages. Lorsque ces ouvrages auront amoncelé derrière eux une grande masse de graviers, s'il survient une rupture, toute cette masse, ainsi retenue au-dessus de son niveau, va, disait-on, se remettre subitement en marche et causer en aval une catastrophe épouvantable. Comme preuve à l'appui de cette crainte, on citait les effets attribués à l'évacuation subite du lac Saint-Laurent, qui, échappé de la plaine d'Oisans, ravagea les vallées de la Romanche et du Drac jusqu'à Grenoble; on pourra citer de même les désastres lamentables produits en une seule nuit, lors de la rupture du réservoir de Sheffield. On oublie que, dans ces deux exemples comme dans tous les autres qu'on pourra citer, où la rupture d'un réservoir a causé en aval une catastrophe subite, il s'agissait d'un réservoir d'*eau*, et non pas d'un réservoir de sable, terre et gravier.

Importance de l'objection.

Aussi je craindrais fort peu cette objection, si elle devait être jugée seulement par des constructeurs, habitués à voir le mouvement de l'eau et celui des sables et graviers, et sachant les comparer. Jamais un ingénieur ne s'avisera de croire que les graviers coulent comme de l'eau; et quand il s'agira d'apprécier l'importance d'une rupture, il reconnaîtra d'abord que l'étang d'eau retenu en amont d'un barrage de torrent n'aura jamais qu'un volume médiocre, à cause de la grande pente des lits des torrents ; puis que, après le comblement de l'étang par les graviers, ceux-ci ne couleront jamais comme de l'eau, quand même on couperait le barrage à dessein. Mais je sais aussi que des personnes dont l'opinion doit avoir un grand poids sont disposées à confondre ainsi les masses de gravier avec les masses liquides. Il est donc nécessaire de les rassurer sur ce point, par l'exemple de ce qui se passe réellement, toutes les fois qu'une rivière, en se déplaçant dans la largeur d'une plaine, vient tronquer par le pied la partie la plus saillante d'un cône de déjection.

Troncature d'un cône de déjection.

Dans les vallées sur les flancs desquelles débouchent plusieurs torrents, on observe à chaque pas des effets semblables à ceux qui sont représentés dans les figures 13 et 14. Ces deux figures montrent l'aspect d'un même phénomène dans deux phases distinctes. Pour comprendre la figure 13, il faut concevoir qu'à une époque plus ancienne, la rivière s'est tenue longtemps au pied de la montagne de gauche, et a laissé le torrent qui sort des montagnes de droite étaler et allonger son cône de déjection dans toute l'étendue marquée par le prolongement en traits ponctués ; plus tard, le lit de la rivière s'est déplacé vers la droite, a rongé par le pied la partie la plus saillante du cône de déjection, et en a entraîné les matériaux, en laissant à la place une falaise qui reste à pic tant que le courant continue à la ronger par le pied. Ainsi le torrent, tombant en cascade du haut de la falaise, creuse son lit d'abord au sommet de cette cascade, puis ce creusement se propage successivement vers l'amont, et peut même remonter jusque dans la gorge montagneuse. Cet encaissement du torrent dans ses anciennes déjections se continue au moins jusqu'à ce que la chute à l'extrémité d'aval soit annulée. La figure 13 représente l'aspect des lieux peu de temps avant que cet encaissement ait atteint cette limite.

Puis, si plus tard la rivière abandonne en cet endroit la rive droite de la plaine et retourne vers la gauche, il arrivera ce qui est indiqué dans la figure 14. Le torrent amenant toujours des graviers du fond de tous les ravins de son bassin de montagnes, les dépose sur le lit que la rivière vient d'abandonner ; et ces matériaux ne tombant plus dans un courant qui les emporte à mesure, s'accumulent à l'extrémité du lit de torrent encaissé. Alors un nouveau cône de déjection prend naissance, en se greffant en avant de la troncature de l'ancien cône, et le torrent se met à combler son encaissement. Il achèvera de le combler si le nouveau cône greffé devant la falaise parvient à rétablir toute la partie du cône anciennement coupée par la rivière.

Ce n'est point ici une conjecture théorique, c'est la description d'un fait dont les exemples sont presque aussi nombreux que les torrents eux-mêmes. Il faut seulement observer un ou deux de ces effets, pour en reconnaître ensuite un grand nombre, pourvu que l'on sache reconnaître les anciens cônes des torrents éteints, en discernant, par-dessous les cultures, les formes créées par d'anciennes déjections. Par exemple, si on veut apercevoir des traces visibles de ces effets sans voyager, on peut consulter la carte du cours de l'Isère depuis la Savoie jusqu'à Grenoble, publiée par M. Cunit dans son avant-projet d'endiguement de cette rivière. Cette carte indique, par une notation particulière, les limites des inondations, qui dessinent, à un mètre environ au-dessus de la plaine, le pied de tous les coteaux insubmersibles, aussi bien ceux qui sont la base ancienne des montagnes que les bases des cônes de déjection. On trouvera (fig. 15), un extrait réduit de cette carte, où j'ai conservé seulement le cours de l'Isère, ces limites des inondations, et les noms de lieux nécessaires pour faciliter les indications[1]. Voici les exemples de troncatures rendues manifestes par la simple inspection des limites actuelles d'inondation, en commençant à Pontcharra :

Exemples de troncatures de cônes de déjection. Vallée de Graisivaudan, rive gauche.

1° Le pied du cône de Bréda fait saillie sur la ligne de la rive gauche depuis 500 mètres en amont des Ages, jusqu'au hameau des Gayets; ce cône a subi une troncature de près de 2 kilomètres, commençant à 300 mètres en amont

[1] A cette carte de la Vallée de Graisivaudan ainsi réduite à l'échelle d'un quarante-millième, j'ai ajouté une indication teintée du relief du sol éclairé obliquement, à l'aide d'une belle photographie du plan-relief des montagnes de la Chartreuse par M. Bardin. En corrigeant les indications tirées par M. Bardin des minutes de l'état-major par celles de la carte de M. Cunit, et par la connaissance que j'ai de la Vallée, j'ai fait de la figure 15 une carte plus expressive des vraies formes des terrains qu'aucune autre. Elle rend très-visible la forme ordinaire des cônes de déjection, leurs troncatures, et la greffe des petits cônes devant les troncatures.

du pont de la Gâche et finissant à 500 mètres en amont du hameau des Gayets. Avant la troncature, le cône du Bréda a dû s'étendre de façon à resserrer l'Isère au pied du coteau de sable de l'Arénier, à droite de la Vallée.

2° Le cône du torrent de Goncelin s'est étendu autrefois jusqu'auprès du pied actuel du cône du torrent de Bresson, à peu près suivant le trait ponctué dans la figure 15; cela résulte du prolongement des pentes du cône au delà de la falaise qui borde actuellement le cône de Goncelin. Par la suite, l'Isère s'étant retirée vers la droite, et le torrent ayant été rejeté par les travaux des habitants en aval du village, un petit cône étroit s'est greffé là devant la falaise; il a encore 360 mètres de longueur à gagner avant d'atteindre la digue qui a fixé la rive gauche de l'Isère.

3° Le très-petit torrent de Villard-Bozon a eu son cône de déjection soudé à l'aval de celui de Goncelin; ce petit cône a été tronqué, puis en avant de la troncature un nouveau cône plus petit s'est greffé, depuis que l'Isère s'est éloignée de la rive gauche. Ce petit cône greffé a une saillie de 150 mètres environ en avant de la troncature.

4° Le ruisseau de la Pierre et le Nant, ont autrefois étendu leurs cônes de déjection suivant les indications ponctuées. La même troncature les a ensuite coupés à peu près en ligne droite sur une longueur de 1400 mètres. Puis l'Isère s'étant retirée vers la rive droite de la Vallée, ces deux petits torrents ont greffé, devant la troncature commune, les deux petits cônes saillants, qui sont déjà longs de 200 et de 150 mètres.

5° Le ruisseau du Champ et de Froges a étendu autrefois son cône de déjection jusqu'à l'emplacement actuel du lit de l'Isère; puis il a été tronqué par une falaise de 800 mètres de longueur, en avant de laquelle un petit cône s'est greffé, depuis que l'Isère s'est retirée du côté de Crolles.

6° Le cône de déjection du ruisseau de Brignoud s'est étendu vers l'amont à 400 ou 500 mètres au delà du point où il se détache actuellement du pied de la montagne de la rive gauche, et il s'avançait alors jusqu'au delà de l'emplacement actuel du lit de l'Isère; il a été coupé par une anse de l'Isère qui venait battre le pied de la montagne, et qui a laissé une falaise escarpée à l'endroit où la route départementale, après avoir franchi le faîte du cône à Brignoud, redescend dans la plaine.

7° Le ruisseau de Vors a dû étendre son cône de déjection jusqu'au delà du lit actuel de l'Isère, sa partie la plus saillante étant alors vis-à-vis l'issue de la gorge de montagnes d'où sort ce torrent éteint. La base de cet ancien cône a été tronquée à peu près en ligne droite sur 2 kilomètres de longueur au moins; puis l'Isère s'est éloignée de la troncature à une distance d'environ 400 mètres. Plus tard le ruisseau a été détourné et fixé artificiellement le long de la limite d'amont de son cône de déjection, où il est encore; et enfin un petit cône s'est greffé devant la falaise devant laquelle il fait saillie d'une centaine de mètres, à l'endroit où le lit actuel du ruisseau coupe cette falaise.

8° Le cône de déjection du ruisseau de Lancey a été presque en entier emporté par l'Isère; une anse de la rivière encore existante n'a laissé subsister de ce cône qu'une falaise élevée, un peu en amont du village de Lancey, puis en aval de ce village, une longueur intacte de 1200 mètres de la base du cône, s'étendant jusqu'au hameau de Pruney.

9° En aval de Lancey, les cônes du Versoud, de Domène et de Gières paraissent à peu près intacts. Mais celui de Murianette, dont il ne reste qu'une trace appliquée au flanc de la montagne, a été tronqué sur 600 mètres de longueur; la troncature a diminué la saillie du cône d'environ 400 mètres, après quoi l'Isère s'est retirée à plus d'un kilomètre de distance, en laissant seulement près du pied de la montagne de rive gauche une anse que le chemin de fer de Grenoble à Montmélian rase tangentiellement.

Vallée de Graisivaudan, rive droite.

Sur la rive droite de la Vallée de Graisivaudan, on ne peut pas, à la simple inspection de la carte de M. Cunit, reconnaître aussi clairement les troncatures des cônes de déjection, excepté pour les deux grands torrents de Bresson et de Manival, et pour celui du Carre de Lumbin.

10° Le cône de déjection du torrent de Bresson s'est étendu autrefois en amont jusqu'au delà de la Bourgeat (commune de Sainte-Marie-d'Alloix), en se confondant de ce côté avec le cône du torrent de Sainte-Marie ; en aval, le cône de Bresson s'étendait jusqu'à 1 kilomètre plus bas que le village du Touvet ; ce cône recouvrait ainsi l'ancien pied de la montagne sur 5 kilomètres de longueur, et devait s'avancer jusque tout près du pied du cône du Cheylas, situé en face sur la rive gauche. Plus tard l'Isère a déblayé les déjections dans l'emplacement de la Bourgeat et de Sainte-Marie-d'Alloix, en y poussant une anse dont il reste une falaise qui s'étend sur 400 mètres de longueur presque d'équerre à la Vallée ; d'autres divagations de l'Isère ont ensuite coupé, en avant de ce qui restait du cône, un segment de 2800 mètres de corde, suivant une ligne peu accidentée ; plus tard une anse de l'Isère (aujourd'hui passée à l'état de marais), est venue échancrer cette ligne presque droite, près de son extrémité inférieure, où les déjections présentent une entaille de 400 mètres de longueur sur 200 mètres de flèche. Il faut qu'après cette grande troncature le torrent de Bresson ait perdu beaucoup de son ancienne activité ; car malgré le retrait de l'Isère vers la rive gauche, le Bresson n'a pas greffé un nouveau cône naissant en avant de la troncature, et cependant, depuis que l'Isère s'est éloignée de cette rive, le torrent de Sainte-Marie, quoique beaucoup moins important que celui de Bresson, a eu le temps de former devant la grande troncature un cône ou plutôt une pyramide de déjection, dont la base s'étend sur 1000 mètres de longueur, et forme une saillie de 500 mètres.

11° Le cône de déjection du torrent de Lumbin ou du Carre a subi une troncature de 1600 mètres de longueur, qui a diminué la saillie de 6 à 700 mètres.

12° Le torrent de Manival ne vient pas de loin ; il sort d'une échancrure dans la montagne à droite de la Vallée, entre le plateau de Saint-Pancrace sous la Dent de Crolles et l'extrémité nord de la crête du Saint-Eynard ; ce grand trou n'occupe, sur la carte d'état-major, qu'une superficie de 4 à 500 hectares, ce qui est bien petit pour le bassin de réception d'un torrent ; mais il faut que les terrains sortis de ce bassin se soient trouvés extraordinairement mobiles, pour que les eaux aient pu en arracher l'énorme volume du cône de déjection qui couvre le flanc de la montagne, depuis Bernin jusqu'à

Saint-Ismier. Ce cône s'étalait ainsi jusqu'à confondre sa base avec celle des cônes du torrent de Craponoz et de celui du Rivet, en entourant la saillie du coteau des Drageaux[1]; il a dû s'étendre jusqu'auprès du cône de déjection du Versoud, situé en face sur la rive gauche. Cet énorme cône du Manival occupe la rive droite de la plaine sur une longueur de 5 kilomètres, et a dû autrefois s'avancer à 2 ou 3 kilomètres en saillie sur l'alignement de l'ancien pied des coteaux. Il en reste de hautes falaises à Saint-Nazaire, et le relief du sol dans l'étendue signalée, relief qui se voit très-nettement de tous les villages de la rive gauche de la Vallée, depuis Goncelin jusqu'à Gières. La forme de ce relief a été fortement altérée par le graveur de la carte d'état-major, qui l'a couvert de hachures qui font diverger les lignes de pente du pied du rocher au sud de Saint-Pancrace, tandis qu'en réalité ces pentes s'épanouissent en partant du point où le torrent de Manival sort de sa gorge. La figure 15 indique comment cette partie de la carte d'état-major devrait être corrigée, pour donner une idée du relief du terrain, tel qu'il est réellement, et tel que les travaux des officiers le donneront quand on voudra en exprimer les résultats sans altération.

Ces douze exemples sont reconnaissables sans explorer le terrain, par la

[1] Le coteau des Drageaux, qui fait saillie sur le cône de déjection de Manival au bord de la falaise, se compose, suivant les observations de M. Lory, en dessus de blocs et boues glaciaires, en dessous d'alluvions; les sables qu'on extrait de la falaise de Saint-Nazaire en aval des Drageaux sont aussi glaciaires; et les cailloux roulés des alluvions qui forment la base de ce coteau ne sont point calcaires comme les montagnes d'où sort actuellement le Manival; ce sont des fragments arrondis de granit ou de gneiss, provenant des flancs de la chaîne du Belledone. Il suit de là qu'à une époque *antéglaciaire* et avant que la profonde excavation du Manival fût creusée, les torrents de la rive gauche de la Vallée qu'on appelle aujourd'hui les ruisseaux de Brignoud, de Vorz et de Lancey, avaient refoulé les eaux de la Vallée en étalant leurs déjections réunies jusqu'au pied du rocher de Saint-Pancrace. Il devrait y avoir alors un lac couvrant le fond de la Vallée depuis l'emplacement de Bernin jusqu'à une certaine distance en amont, peut-être jusqu'à Montmélian. Vers la fin de l'époque glaciaire, ce grand cône de déjection venu des montagnes de gauche fut recouvert de moraines vers sa base, au-dessous de Saint-Pancrace; puis quand les glaces fondirent en amont, les eaux coupèrent ce cône dans le bas de ce qui était resté découvert, c'est-à-dire non dans sa partie la plus avancée qui était protégée par les entassements glaciaires, mais à la limite du terrain glaciaire et des alluvions restées à nu. Plus tard se produisit la profonde excavation du Manival entre Saint-Pancrace et le Saint-Eynard, et les débris des roches que les eaux en arrachèrent formèrent ce grand cône qui s'étale aujourd'hui entre Bernin et Saint-Ismier, sur lequel le coteau des Drageaux est resté comme un témoin de l'envahissement des déjections du flanc opposé de la Vallée.

simple inspection de la carte de M. Cunit ; mais si on visite en détail la limite des inondations tous le long de la Vallée et sur ses deux rives, on trouvera certainement plusieurs autres exemples de troncatures des cônes de déjection. Partout on verra les anciennes déjections coupées suivant des talus fort roides se tenir ainsi depuis un temps immémorial, pendant que leur surface supérieure depuis longtemps cultivée est demeurée immobile malgré toutes les troncatures. Il faut même remarquer que, à gauche de la Vallée, tous les villages se trouvent sur des faîtes de cônes de déjection. Ils n'ont jamais éprouvé aucune secousse due à des mouvements de ces cônes par suite de ces troncatures.

Tranchées du chemin de fer de Montmélian dans les anciens cônes de déjection.

On peut encore voir bien facilement des exemples nombreux de talus roides taillés dans les cônes de déjection du Graisivaudan, en parcourant simplement le chemin de fer de Grenoble à Montmélian. Ce chemin coupe en tranchée profonde un grand nombre de cônes de déjection ; au point le plus profond de la tranchée, quelque chemin vicinal passe au moyen d'un pont par-dessus le chemin de fer, quelquefois avec le ruisseau, reste d'un torrent éteint que les gens du pays appellent ruisseau ; on voit très-nettement, par la nature graveleuse des terrains ainsi coupés et par la disposition de leurs diverses couches, que ce sont d'anciens cônes de déjection. Et quand on y a ouvert des tranchées profondes, avec talus à 45 degrés, ces masses de graviers et les villages qui sont dessus ne se sont point mis en mouvement, n'ont pas ressenti la moindre secousse.

Troncatures multiples des déjections du torrent de Vaudaine.

Enfin, puisque les effets de la rupture du lac Saint-Laurent sont ceux qu'on paraît redouter le plus, en cas de rupture d'un barrage de retenue des graviers, je vais montrer, à l'endroit même où cette rupture s'est produite, une preuve palpable de cette vérité évidente, que les graviers des torrents ne coulent pas de la même manière que l'eau. En effet, le lac Saint-Laurent, de la fin du douzième et du commencement du treizième siècle, fut une retenue accidentelle des eaux de la Romanche, déterminée par un encombrement considérable de son lit au point où les deux torrents de Vaudaine et de l'Infernay débouchent en face l'un de l'autre ; chaque fois qu'un de ces torrents a barré avec ses déjections le lit de la Romanche, il a formé en amont un lac plus ou moins étendu, jusqu'à ce que la chute du trop-plein du lac ait tronqué le cône qui avait fait barrage. Pareil accident est arrivé bien des fois à ce même endroit, depuis la fin de l'époque glaciaire, comme on le reconnaît en voyant, tout le long de la gorge de Livet, plusieurs étages de terrasses. On reconnaît aussi, au pied du cône de déjection du torrent de Vaudaine, plusieurs troncatures successives, en avant desquelles des cônes nouveaux se sont greffés, puis ont été tronqués à leur tour, puis greffés de nouveau, puis ont encore subi de nouvelles troncatures. Or, ces troncatures multiples (voir fig. 16) datent de plusieurs siècles, les plus anciennes de plusieurs milliers d'années, et il en reste encore des falaises bien visibles ; tandis que, chaque fois qu'un lac temporaire d'Oisans, après avoir couvert la plaine, a tronqué le cône de déjection de Vaudaine, l'eau du lac s'est écoulée en quelques heures, en emportant, dans l'étendue d'une étroite coupure, tous les graviers des torrents, jusqu'aux gros blocs anguleux qui forment le vrai seuil, et qui occupent le sommet d'une ancienne moraine.

On trouvera peut-être que ces exemples sont trop nombreux, qu'il était bien inutile de prendre tant de peine pour prouver que les graviers des torrents ne sont pas de l'eau, ne coulent pas de la même manière que l'eau, qu'ils se tiennent pendant des siècles en talus cinquante et cent fois plus roides que la pente sur laquelle ils se sont déposés. Le développement que j'ai dû donner à cette preuve expérimentale est justifié par les craintes que j'ai entendu souvent exprimer. Et d'ailleurs, les personnes même qui savent que les masses de graviers ne s'ébranlent pas comme une masse liquide, ne se rendent peut-être pas compte bien nettement du peu d'importance d'une avarie, dans un barrage qui ne sert qu'à la retenue des graviers.

Conséquence pratique sur le peu de danger d'une brèche.

Pour les personnes qui se contentent d'un simple aperçu quand il est décisif, nous dirons seulement qu'une brèche dans un barrage de retenue affleuré par les graviers, produira à la longue en amont un encaissement du torrent dans un lit étroit et profond, et que ce creusement exigera une durée de bien des années, si toutefois la brèche reste aussi longtemps sans réparation ; on peut en juger par la longue durée qu'exige en fait le développement d'un petit cône greffé en avant d'une troncature.

Si on désire quelque chose de plus précis, prenons pour exemple le cas où plusieurs barrages, étagés successivement en gradins à l'issue de la gorge, auraient formé une retenue de gravier de 10 mètres de hauteur au-dessus du lit naturel ; si tout à coup une brèche de cette hauteur vient à s'ouvrir du haut en bas de ces gradins, il pourra se former en quelques années, derrière le barrage, un trou en entonnoir demi-circulaire, dont le volume atteindra à peine la quantité exprimée par $\frac{1}{3} \cdot \frac{1}{2} \pi (10)^3$, environ 500 mètres cubes, quantité insignifiante en comparaison du volume de la retenue qui a affleuré le barrage à 10 mètres de hauteur. En pratique, on aura toujours le temps de boucher la brèche, avant qu'elle ait donné passage à la moitié ou au quart de ce volume.

RÉSUMÉ.

Utilité et nécessité des barrages.

Je pense avoir établi l'utilité et la nécessité de la construction des barrages de retenue des graviers des torrents :

1° Partout où les mesures conservatrices et réparatrices de la végétation risquent d'être longtemps retardées ;

2° Dans les torrents où ces mesures doivent rester impuissantes dans une fraction importante du bassin de réception ;

3° Lorsque de grandes quantités de graviers, déjà détachées de la montagne, sont approvisionnées au fond des ravins affluents sur de grandes longueurs, ces graviers déjà en marche depuis longtemps devant continuer à descendre un peu à chaque crue, jusqu'à l'établissement du profil d'équilibre.

Cette utilité n'ôte rien à celle des mesures conservatrices.

Cette nécessité des barrages de retenue dans un grand nombre de torrents n'ôte rien à l'utilité réelle des mesures conservatrices, même dans les bassins pour lesquels ces barrages sont le plus nécessaires. Ces deux genres de défenses étant considérés comme se complétant mutuellement, supposons qu'on entreprenne de retenir les déjections, à l'issue de la gorge, par des barrages en gradins, avec la condition d'ajouter un nouveau gradin chaque fois que la nécessité s'en fera sentir ; sans les mesures conservatrices, les gradins successifs devraient être élevés après des intervalles de temps croissant successivement suivant une certaine loi. Si, après qu'on aura élevé un ou deux gradins, les mesures conservatrices réduisent le débit annuel de gravier à la moitié, au tiers, au quart de sa valeur actuelle, les périodes après lesquelles les gradins suivants deviendront nécessaires seront doublées, triplées, quadruplées.

Indication des cas où les barrages sont inutiles.

Il est certain que, pour quelques torrents très-menaçants, les mesures conservatrices peuvent, en très-peu d'années, tarir entièrement le courant de pierres, au lieu de le réduire seulement dans une proportion notable. Il n'est même pas bien difficile de reconnaître d'avance les cas où cela peut arriver. Ils auront lieu, par exemple, pour les torrents dont le bassin de réception, d'une étendue médiocre, ne présente aucun ravin plein de gravier sur une grande longueur, ni de grands escarpements de roches en décomposition plus ou moins rapide; dans de tels cas, la végétation pouvant s'enraciner dans toute l'étendue du bassin, on est assuré d'avance qu'il suffit de la laisser se développer naturellement, pour que le torrent soit promptement étouffé sous les herbes et les broussailles, et en conséquence il est inutile de penser à établir des barrages de retenue. Les torrents qui sont dans ce cas sont d'ailleurs de création purement humaine; ils n'ont pu prendre naissance qu'à la suite de gaspillages, de dévastations insensées, dans un petit bassin d'où sortait un filet d'eau inoffensif pendant quelques jours après un orage; par suite des dévastations commises, ce filet d'eau s'est changé en torrent furieux qui dure quelques minutes, en charriant plus de pierraille que d'eau. On a des exemples de plaies semblables guéries en deux ou trois ans, par la seule interdiction du pâturage et de tout enlèvement d'herbes, de racines ou de bois dans le bassin de réception. On peut citer le petit torrent de Saint-Jacques ou Saint-Jaume, à Barrème (Basses-Alpes).

Mais hors de ces conditions, quand des masses formidables de graviers sont en marche dans le lit principal et dans les ravins affluents, quand de hauts escarpements où un seul brin d'herbe ne peut s'enraciner laissent tomber chaque année des quantités considérables de petits fragments de roche, il est nécessaire d'examiner attentivement si la progression des graviers peut menacer des propriétés précieuses, et si la conservation de ces propriétés peut être mise en balance avec les frais de construction d'un premier barrage et d'une suite de gradins.

Un seul emplacement de barrage de retenue et plusieurs seuils en aval.

J'ai admis l'emploi d'un seul emplacement de barrage de retenue, quand on peut le placer à l'issue de la gorge, avec la perspective de l'élévation de gradins successifs lorsque le besoin l'exigera: souvent cela ne dispensera pas de la construction de seuils, peut-être nombreux et très-peu saillants, en aval du barrage de retenue proprement dit ; mais la fonction de ces seuils multiples est distincte de celle de la retenue proprement dite ; ils seront destinés à conserver, dans chaque intervalle entre deux seuils, les graviers qui s'y trouvent déjà, et non ceux que le torrent y apporterait sans la retenue supérieure. Ce qui rendra souvent ces seuils nécessaires, c'est la faiblesse comparative des pentes des profils d'équilibre relativement à la roideur des pentes des profils de compensation, et même des profils actuels intermédiaires entre celui d'équilibre et celui de compensation.

Cas où le barrage devra être placé près du pied du cône de déjection.

Enfin, si j'ai indiqué l'issue de la gorge comme l'emplacement le plus convenable du barrage de retenue, c'est seulement en vue des cas les plus ordinaires, où de grandes étendues de terrain qui ont appartenu aux divagations du torrent sont couvertes de cultures et d'habitations. Mais si, comme au torrent de l'Infernay à l'extrémité inférieure de la plaine d'Oisans, on a à lutter contre un torrent dont des graviers complétement stériles couvrent tout le cône de déjection, il peut arriver que l'emplacement le plus convenable du barrage de retenue soit au bas du cône ; alors en effet toute la surface de ce cône fera partie du magasin de retenue qu'il s'agit de créer. Cette circonstance me semble devoir se présenter notamment dans deux torrents, aux deux bouts de la plaine d'Oisans, savoir pour l'Infernay où il s'agit d'empêcher les déjections de venir barrer la route impériale, et pour le Vénéon, où il s'agira de prévenir l'envahissement de la plaine d'Oisans tout entière.

Grenoble, le 20 décembre 1865.

Philippe BRETON.

NOTE 1re

SUR LES TROIS ESPÈCES DE CÔNES

OBSERVÉS DANS LES PAYS DE MONTAGNES.

On observe, dans les pays de montagnes et au fond de leurs vallées, trois espèces de cônes d'une régularité remarquable, qu'il est bon de savoir distinguer sans hésitation. Les habitants de ces pays ne s'y trompent pas. Je veux parler des cônes des torrents, des cônes d'avalanche et des cônes d'éboulis.

Les cônes d'éboulis sont de beaucoup les plus nombreux et les plus stables. Ils recouvrent sans interruption les flancs de la plupart des montagnes, depuis les crêtes rocheuses jusqu'au fond des vallées. Les sommets de ces cônes, rangés à des hauteurs peu inégales, à la file les uns des autres, au pied de la roche nue, sont distincts et très-nombreux. Plus bas les cônes se recouvrent et se confondent de plus en plus, et les parties subsistantes de leurs surfaces ne forment qu'un plan incliné à peine ondulé dans ses sections horizontales ; mais les lignes de plus grande pente extrêmement régulières s'écartent très-peu de la pente de 3 de base pour 2 de hauteur. Ces grands massifs d'éboulis se composent de terre et de fragments anguleux des roches supérieures.

Les cônes de déjection des torrents sont très-rares en comparaison, et ce qui fait leur importance à un point de vue pratique, c'est qu'ils s'étalent bien plus bas, tout au fond des vallées, le plus souvent au-dessous du pied des éboulis et dans les terrains les plus précieux. Ils se composent de limons, de sable, de graviers roulés et arrondis par les eaux, et leurs pentes sont déterminées par la puissance d'entraînement des eaux rassemblées en torrents. Les pentes de ces cônes varient depuis 5 à 6 millimètres jusqu'à 10 ou 15 centimètres par mètre. L'étude de leurs variations est l'objet principal du mémoire ci-dessus.

Les cônes d'avalanches se distinguent de ceux des torrents par une pente beaucoup plus roide, mais très-inférieure à celle des éboulis. Il ne faut pas croire en effet qu'une avalanche soit un accident inattendu ; on sait très-bien, dans chaque pays, dans quelles dépressions du flanc de telle montagne les neiges se mettent en marche tout à coup, quels couloirs elles suivent, et à peu près où elles s'arrêtent; aussi chaque avalanche a son nom, comme un torrent ou un ruisseau. Seulement telle avalanche ne vient que rarement, telle autre tous les ans, telle autre jusqu'à trois ou quatre fois dans un hiver ordinaire. Ce qu'on ne sait jamais d'avance, c'est l'heure et le jour où telle ou telle avalanche partira. Mais tant qu'elle n'est pas partie, les habitants savent fort bien qu'elle menace, et quand vient le dégel, on l'attend tous les jours.

Quand un de ces grands éboulements de neige est arrivé au fond d'une vallée, il s'arrête sous la forme d'un cône, dont la pente est réglée par le frottement de la neige sur elle-même ; c'est une pente moins roide que celle des éboulis de terre et de pierraille, mais beaucoup plus que celle des torrents. On remarque aussi que très-souvent ce grand tas conique de neige est tout noir à sa surface, parce que, pendant la chute de l'avalanche, la terre humide du couloir a été broyée et réduite en boue liquide qui s'écoule après la neige. Dans ce cas, on ne reconnaît de loin la nature du cône tombé récemment qu'à la présence d'un trou percé à sa base, par où s'écoule l'eau provenant de la fonte des neiges et de l'égouttement des terres. Ce trou est l'issue du *pont de neige*, phénomène curieux et très-ordinaire, dû au maximum de densité de l'eau à la température de 4 degrés. Cette eau, par un mécanisme très-simple, se fait jour par-dessous l'entassement de neige.

Quelques jours ou quelques mois après la chute d'une avalanche, toute cette masse de neige étant fondue et l'eau écoulée, il reste sur place une certaine quantité de débris de bois, de terre et de roches arrachés par l'avalanche dans sa course descendante. Depuis que les montagnes ont leur hauteur, leur forme et leur climat, ces débris se sont accumulés au-dessous de chaque couloir d'avalanche et y ont formé des cônes d'une forme bien tranchée, souvent aplatis en dessus, et différant encore en cela des cônes des torrents, dont la pente décroît toujours de l'amont à l'aval.

Il arrive d'ailleurs que telle avalanche prend, à des époques éloignées et irrégulières, une extension extraordinaire; c'est alors seulement qu'elle descend jusqu'au pied de son cône. Dans les années ordinaires, elle n'en recouvre qu'une faible partie, en s'étalant autour du sommet suivant une forme palmée. Tant que le phénomène est ainsi restreint, le cône d'avalanche roidit sa pente de plus en plus, ce qui augmente de plus en plus les chances d'extension des avalanches futures.

Je ne crois pas qu'il soit humainement possible d'arrêter ces redoutables phénomènes ; mais puisqu'on sait si bien où ils ont lieu, et que le pied de leurs cônes marque si nettement les limites de leur extension, les habitants des montagnes n'ont qu'une chose à faire, c'est-à-dire de bâtir leurs maisons hors de l'atteinte possible des avalanches. Néanmoins on voit quelques-uns de ces cônes que l'avalanche n'a pas recouverts en entier peut-être depuis plusieurs siècles; alors les habitants, sans s'inquiéter d'un danger permanent qu'ils connaissent parfaitement, et comptant que les choses resteront encore longtemps comme elles sont depuis un temps immémorial, s'établissent au pied même du cône. Ils feraient mieux sans doute de réfléchir que ce qui est arrivé il y a longtemps se reproduira nécessairement tôt ou tard, puisque chaque avalanche qui reste à moitié chemin roidit un peu la pente, et tend à faire descendre plus bas celles des années suivantes. C'est ainsi que le village principal de Livet, sur le flanc droit de la gorge de la Basse-Romanche, en face de la route impériale n° 91, est fatalement prédestiné à être un jour enseveli sous une avalanche, car ce village est au pied d'un cône d'avalanche parfaitement caractérisé. Mais les habitants comptent chaque année que le danger n'est pas plus pressant que l'année précédente.

Les dépressions où naissent les avalanches n'occupent souvent, sur les flancs des montagnes, qu'une étendue insuffisante pour l'alimentation d'un ruisseau, et même pour celle d'un torrent; alors le cône d'avalanche conserve ses formes caractéristiques entièrement pures. Tel est le cône de Livet, dont on vient de parler. D'autres avalanches se forment dans des bassins assez étendus, pour que les pluies d'orage y déterminent une crue de torrent plus ou moins violente. Le cône alors est mixte; c'est-à-dire que le torrent tend continuellement à adoucir ses pentes, en les ramenant à celles des torrents sans avalanches ; mais après chaque avalanche ce travail est à recommencer. Par exemple, tout près du cône de Livet, et un peu en amont, les deux torrents de Vaudaine et de l'Infernay ont formé, dans la gorge de la Romanche, deux cônes mixtes. De là proviennent, au moins en partie, les pentes excessives de ces deux torrents, et les brusques avancements qu'ils ont opérés à plusieurs époques connues.

Lorsqu'une route doit traverser un cône d'avalanche, il est bien difficile de la mettre à coup sûr à l'abri de toute possibilité d'encombrement ; il n'y a pour cela qu'une solution tout à fait radicale, c'est de passer en souterrain. C'est fort coûteux, et avant de prendre ce parti on examine longtemps si la fréquence des encombrements et la circulation de la route sont en rapport avec la dépense d'un tel ouvrage. Autrement on peut quelquefois réussir à détourner l'avalanche, dont la marche est connue, par des ouvrages de défense qui résistent surtout par leur masse; Mais alors il faut choisir l'emplacement de ces ouvrages là où l'avalanche arrive le plus rarement, et où par conséquent sa force vive est déjà presque éteinte.

NOTE 2ᴺᴱ

SUR LE DÉBIT DES DÉVERSOIRS.

Pour connaître d'avance l'amplitude du jet parabolique formé par une crue de débit connu tombant sur le radier d'un barrage, il faut connaître la vitesse horizontale de l'eau sur la crête. On peut employer à cet usage la table suivante, que j'ai calculée en 1855, en établissant la continuité par voie empirique entre les données expérimentales les plus connues. La formule empirique monôme que j'ai obtenue s'accorde assez bien avec les six expériences employées, pour que l'on puisse encore compter sur une bonne approximation en étendant l'application de la formule à des charges d'eau quintuples de celles des expériences. Voici d'ailleurs l'exposé détaillé des bases de cette formule.

On trouve dans les traités d'hydraulique et dans les recueils les plus estimés de tables et de formules pratiques, l'expression ci-après du débit d'un déversoir :

$$Q = lmH\sqrt{2gH},$$

dans laquelle Q désigne le débit du déversoir compté en mètrecubes par seconde ;

- l la largeur du déversoir ;
- H l'épaisseur de la lame d'eau mesurée dans un endroit où le fluide est sensiblement tranquille ;
- g l'accélération des corps pesants dans 1″ de chute libre ;
- m un coefficient d'expérience.

D'après les expériences de MM. Poncelet et Lesbros, lorsque la contraction de la veine a lieu sur les 3 côtés, la valeur de m est donnée par le tableau suivant :

	m.	m.	m.	m.	m.	m.
Valeurs de H	0,01	0,02	0,04	0,08	0,15	0,22
Valeurs de m	0,424	0,417	0,407	0,397	0,393	0,386

En examinant ces 6 coefficients, on voit qu'ils décroissent assez régulièrement quand la valeur de H augmente. Il faut en conclure que le coefficient m ne doit point recevoir dans la pratique une valeur moyenne constante, mais qu'il vaut mieux le remplacer par une fonction de H. En conséquence, appliquant à cette question les principes exposés par M. de Saint-Venant, dans son travail sur le mouvement uniforme des eaux courantes, je me suis proposé de déterminer une expression empirique de la forme

$$Q = C.\ l.\ H^n,$$

dans laquelle Q, l, H désignent les mêmes quantités que précédemment, tandis que C représente un coefficient constant inconnu, et n un exposant également inconnu. Il s'agissait de choisir C et n de manière à satisfaire le mieux possible aux données expérimentales ci-dessus.

A cet effet, en prenant les logarithmes de la formule empirique, on a :

$$Lg.Q = Lg.C + Lg.l + nLg.H,$$

ou simplement, en représentant par q le quotient $\frac{Q}{l}$, c'est-à-dire le débit pour un mètre de longueur du déversoir,

$$\text{Lg}.q = \text{Lg}.C + n\text{Lg}.H.$$

En représentant ensuite les valeurs de Lg. q par les ordonnées, et celles de Lg. H par les abscisses d'une série de points, les logarithmes des 6 valeurs de H ci-dessus et ceux des 6 valeurs correspondantes de m, multipliées préalablement par H $\sqrt{2gH}$, ont donné 6 points qui devraient être exactement en ligne droite si la forme employée pouvait représenter exactement le phénomène. Mes 6 points étant déjà presque en ligne droite, j'ai calculé les centres de gravité partiels des 3 premiers et des 3 derniers points, et j'ai mené une droite par ces deux centres partiels. Celle-ci passe entre les 6 points très-près de chacun d'eux, et les écarts sont distribués au-dessus et au-dessous sans aucune apparence de régularité. En conséquence cette droite représente d'une manière très-satisfaisante les six résultats d'expérience cités.

Pour repasser de la droite figurative à la formule, il suffit de remarquer que la pente de cette droite représente l'exposant n, et qu'en faisant Lg. $(H = 1^m) = 0$, la valeur correspondante de l'ordonnée de la ligne droite figurative représente le logarithme du coefficient C.

Les calculs expliqués ci-dessus m'ont donné les valeurs suivantes :

$$C = 1{,}631, \qquad n = \tfrac{47}{32}.$$

Ainsi les expériences de MM. Poncelet et Lesbros sont représentées le plus exactement possible par la formule monôme ci-dessous :

$$Q = 1{,}631\ l.\ H^{\frac{47}{32}}.$$

Enfin voici les valeurs de $\frac{Q}{l}$ calculées d'après cette formule pour les valeurs de H variant de centimètre en centimètre, depuis 0 jusqu'à $0^m{,}60$.

TABLE DES DÉVERSOIRS.

CHARGE D'EAU SUR LE DÉVERSOIR. H	DÉBIT PAR SECONDE POUR 1^m DE LONGUEUR DE DÉVERSOIR $\frac{Q}{l} = 1{,}631.H^{\frac{47}{32}}$.	CHARGE D'EAU SUR LE DÉVERSOIR. H	DÉBIT PAR SECONDE POUR 1^m DE LONGUEUR DE DÉVERSOIR $\frac{Q}{l} = 1{,}631.H^{\frac{47}{32}}$.	CHARGE D'EAU SUR LE DÉVERSOIR. H	DÉBIT PAR SECONDE POUR 1^m DE LONGUEUR DE DÉVERSOIR $\frac{Q}{l} = 1{,}631.H^{\frac{47}{32}}$.
m.	m^3	m.	m^3	m.	m^3
0,01	0,001884	0,21	0,164812	0,41	0,440308
0,02	0,005213	0,22	0,176467	0,42	0,456170
0,03	0,009457	0,23	0,188372	0,43	0,472212
0,04	0,014430	0,24	0,200523	0,44	0,488428
0,05	0,020026	0,25	0,212914	0,45	0,504819
0,06	0,026175	0,26	0,225539	0,46	0,521381
0,07	0,032826	0,27	0,238394	0,47	0,538113
0,08	0,039938	0,28	0,251474	0,48	0,555013
0,09	0,047841	0,29	0,264775	0,49	0,572078
0,10	0,055428	0.30	0,278393	0,50	0,589308
0.11	0,063757	0,31	0,292020	0,51	0,606699
0,12	0,072448	0,32	0,305963	0,52	0,624252
0,13	0,081496	0,33	0,320109	0,53	0,641964
0,14	0,090856	0,34	0,334456	0,54	0,659832
0,15	0,100546	0,35	0,349004	0,55	0,677837
0,16	0,110543	0,36	0,363747	0,56	0,696035
0,17	0,120837	0,37	0,378683	0,57	0,714367
0,18	0,131419	0,38	0,393810	0,58	0,732849
0,19	0,142282	0,39	0,409125	0,59	0,751483
0,20	0,153415	0,40	0,424625	0,60	0,770264

On obtiendra la vitesse horizontale sur le déversoir en divisant le débit Q par la section lH. Cette vitesse est donc :

$$u = 1,631 . H^{\frac{15}{32}}.$$

Si un corps ayant cette vitesse horizontale à l'origine du mouvement tombe librement d'une hauteur z, il parcourt dans le même temps un espace horizontal x, égal à $\sqrt{\frac{2}{g}} . u\sqrt{z}$, ou en effectuant le calcul des coefficients :

$$x = 0,73648 H^{\frac{15}{32}} \sqrt{z}.$$

Cette expression donne l'amplitude horizontale du jet parabolique ; on devra éloigner le contre-mur au delà de cette amplitude, pour que la veine liquide ait un espace suffisant pour se relever du fond de la cuvette. Deux ou trois fois l'épaisseur de la lame d'eau passant sur le déversoir suffiront pour cela.

TABLE DES MATIÈRES.

PREMIÈRE PARTIE.

CONSIDÉRATIONS GÉNÉRALES SUR LES GRAVIERS DES TORRENTS.

CHAPITRE Ier. — THÉORIE DE L'ENTRAÎNEMENT DES GRAVIERS.

CHAPITRE II. — CONSÉQUENCES DE LA THÉORIE DE L'ENTRAÎNEMENT.

CHAPITRE III. — STABILITÉ ET MOBILITÉ DU PROFIL EN LONG D'UN LIT DE TORRENT.

CHAPITRE IV. — STABILITÉ ET MOBILITÉ DU PROFIL EN TRAVERS D'UN LIT DE TORRENT.

DEUXIÈME PARTIE.

ÉTABLISSEMENT DES BARRAGES.

CHAPITRE V. — EFFETS D'UN BARRAGE EXHAUSSÉ SUCCESSIVEMENT SUIVANT LES BESOINS.

CHAPITRE VI. — Du choix entre un ou plusieurs emplacements de barrages.

CHAPITRE VII. — Type proposé pour les barrages de retenue des graviers.

CHAPITRE VIII. — Objection du danger des avaries.

RÉSUMÉ.

TABLE DES FIGURES.

PARIS. — IMP. SIMON RAÇON ET COMP., RUE D'ERFURTH, 1.

Figure 1.

Divers aspects des graviers des Torrents, en regardant

1° Vers la Rive gauche | 2° Vers l'amont | 3° vers l'aval.

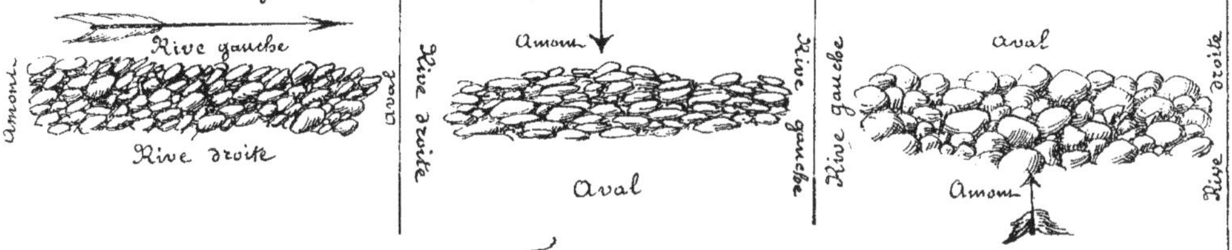

Rive gauche
Amont
Aval
Rive droite

Amont
Rive droite
Rive gauche
Aval

aval
Rive gauche
Rive droite
Amont

Figure 2.

Action du courant sur un galet dans deux positions

1° un bord relevé en amont. 2° un bord relevé en aval.

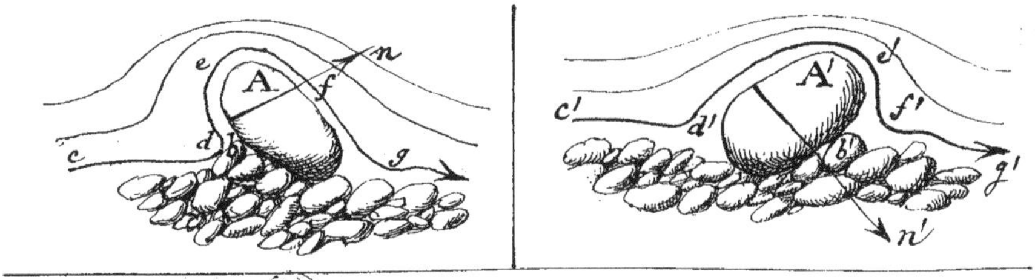

e A n f d b c g

c' d' A' e' f' b' g' n'

Figure 3.

Loi de la propagation des crues.

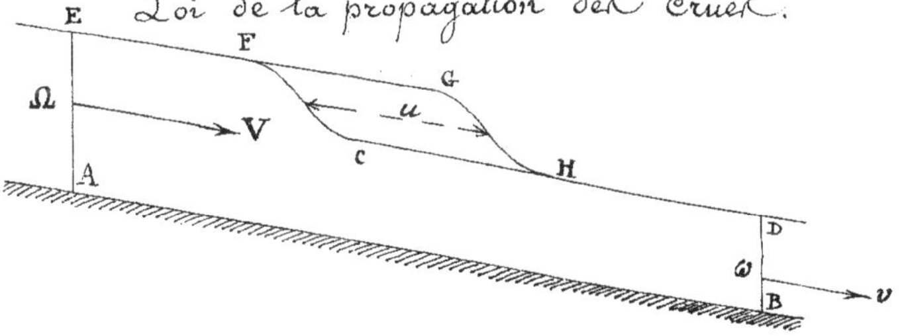

E F G Ω V u C H A D ω B v

Lith. Allier, Grenoble. Ph. Breton, autogr.

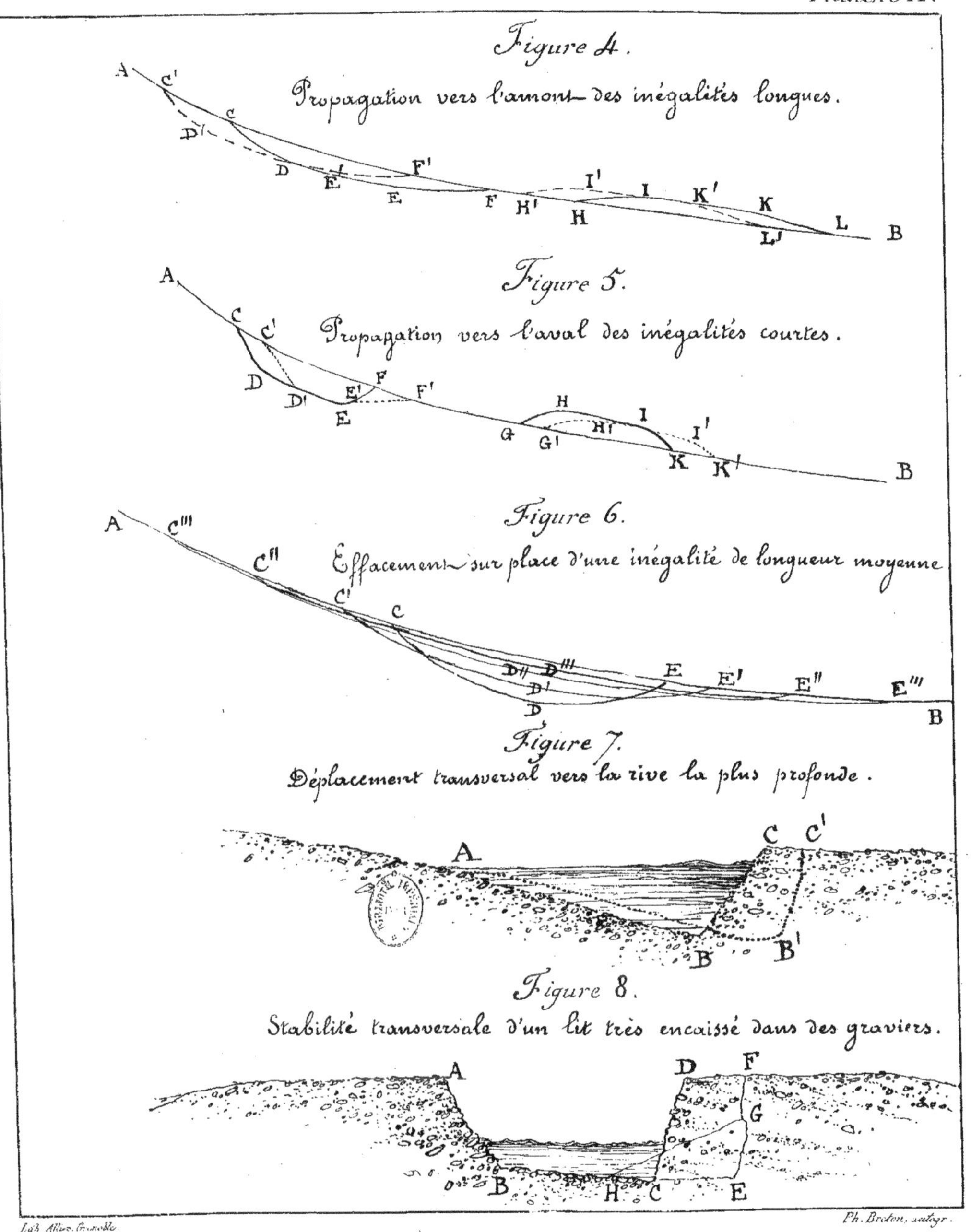

Lith. Allier, Grenoble.

Ph. Breton, autogr.

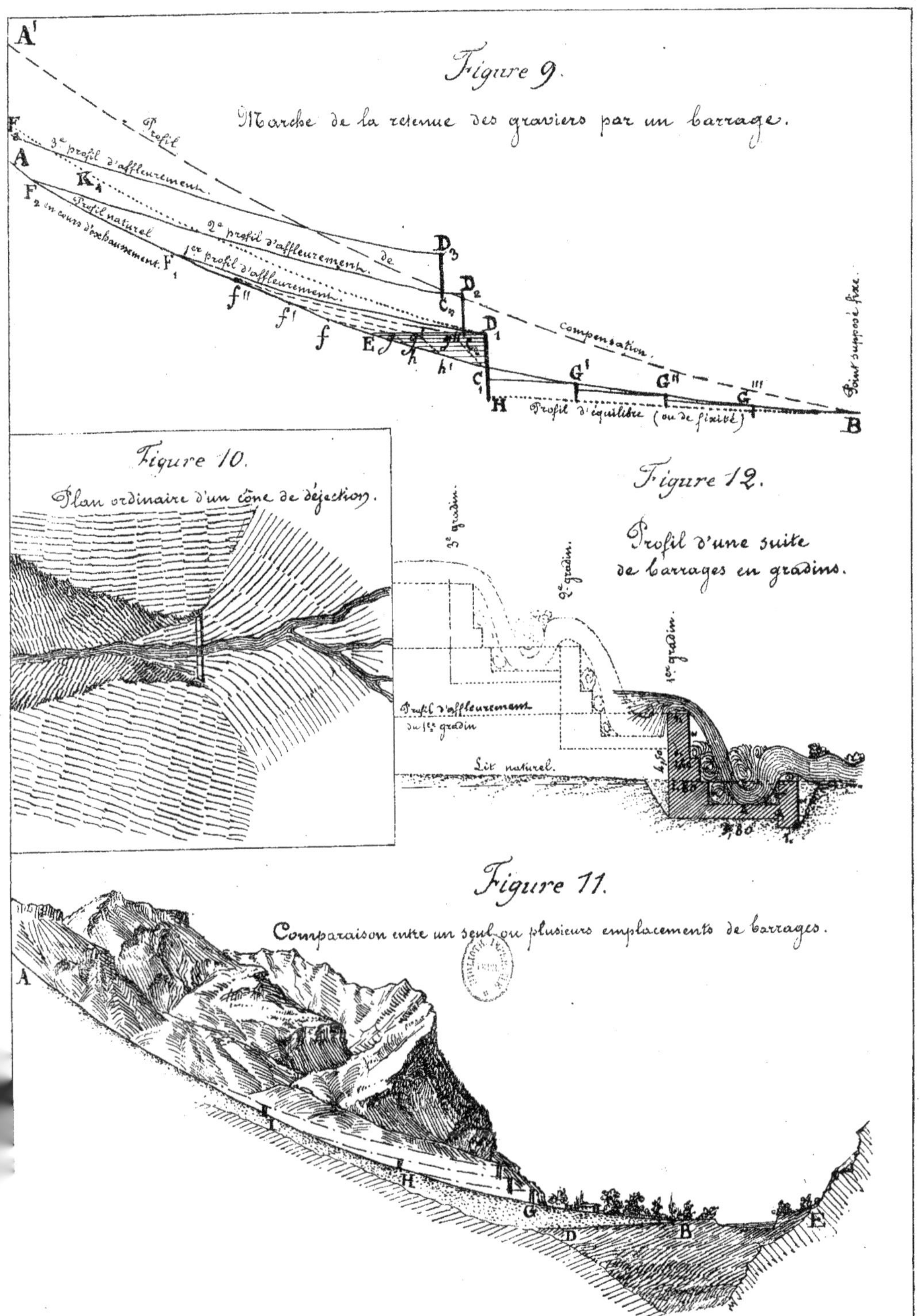
Figure 9.
Marche de la retenue des graviers par un barrage.
A'
Profil de compensation.
F3
3e profil d'affleurement.
A
K1
F2
Profil naturel
en cours d'exhaussement.
F1
2e profil d'affleurement.
1er profil d'affleurement.
D3
D2
D1
C2
C1
f''
f'
f
E
h
h'
G'
G''
G'''
H
Profil d'équilibre (ou de fixité)
Point supposé fixe.
B
Figure 10.
Plan ordinaire d'un cône de déjection.
Figure 12.
Profil d'une suite de barrages en gradins.
3e gradin.
2e gradin.
1er gradin.
Profil d'affleurement du 1er gradin
Lit naturel.
Figure 11.
Comparaison entre un seul ou plusieurs emplacements de barrages.
A
I
H
G
D
B
E

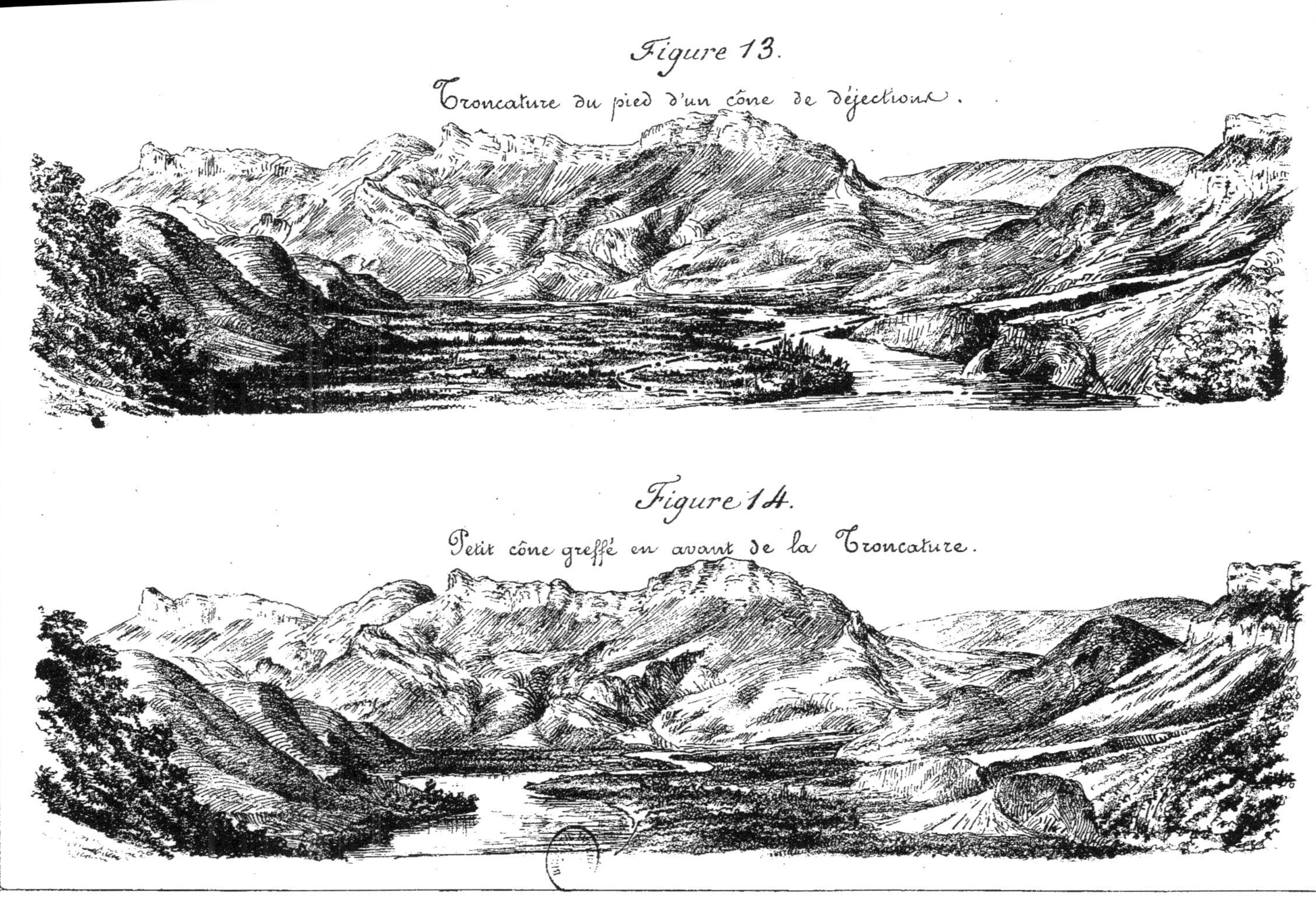

Figure 13.
Troncature du pied d'un cône de déjections.

Figure 14.
Petit cône greffé en avant de la Troncature.

Lith. Allier. Grenoble. Ch. Breton, autogr.

CARTE DES CÔNES DE DÉJECTIONS,

VALLÉE GRAISIVAUDAN

Depuis Pontcharra

Jusqu'à Grenoble

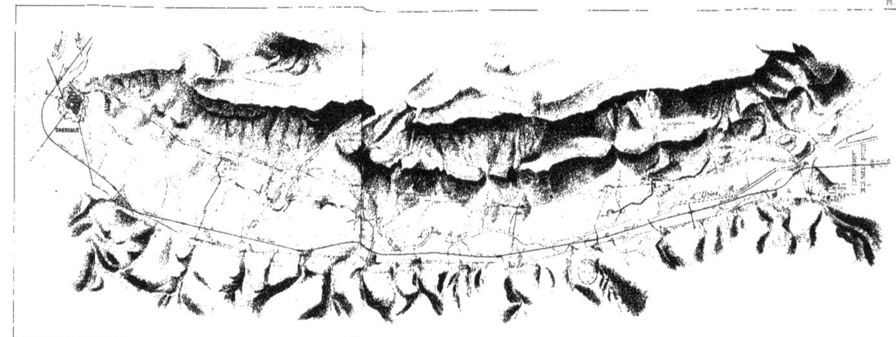

FIGURE 15.

CARTE DES CÔNES DE DÉJECTIONS.

des torrents de la

VALLÉE DE GRAISIVAUDAN

Depuis Pontcharra

Jusqu'à Grenoble

TA:– Les bases des Cônes et le pied des Coteaux sont extraits de la Carte
1/20.000 publiée par M. CUNIT, dans son Avant-projet de l'endiguement de l'Isère.
relief des montagnes avec la lumière oblique est imité de la Photographie des
iefs de M. BARDIN, représentant le massif des Montagnes de la Chartreuse.
formes des Cônes et de leurs Troncatures résultent d'une étude spéciale de la Vallée
traits ponctués dans la plaine indiquent à peu près l'extension des bases des Cônes
nt qu'elles fussent tronquées; mais une étude exacte de ces anciennes bases
le prolongement des pentes des Cônes donnerait peut-être des empiètements d'une
sur l'autre; alors on conclurait qu'à une époque ancienne quelques torrents ont
é entièrement la Vallée, et formé des Lacs temporaires en amont de chacun d'eux.

Échelle de 0m00125 pour 100m = 1/80.000

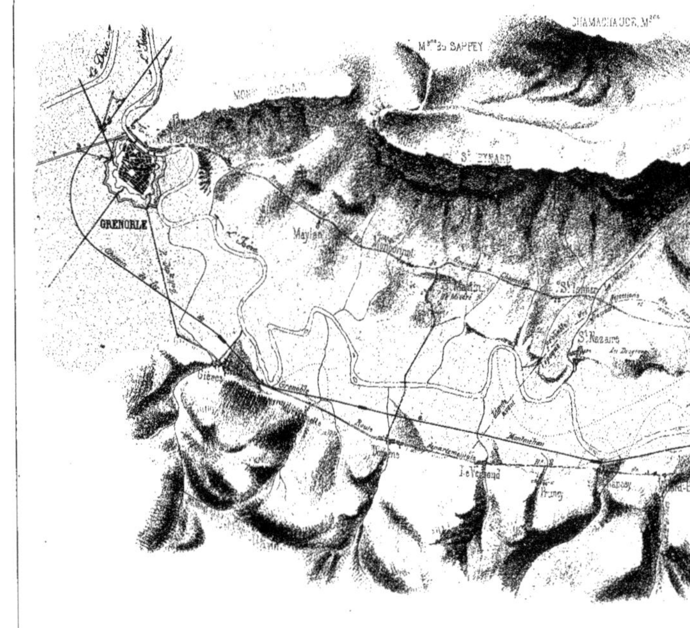

X. Bouchard Autog. 1866

Pl. V.

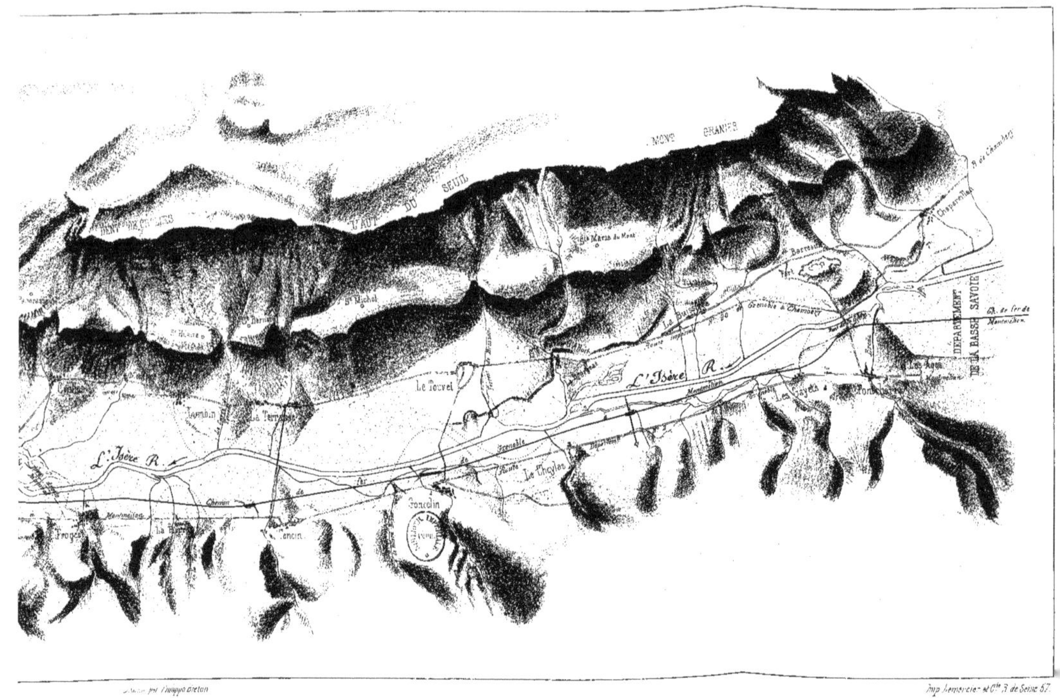

Imp. Lemercier et Cie R. de Seine 57.

Figure 16.

Vue du Cône de déjections du torrent de Vaudaine.

Prise d'un point situé au-dessus de la Route Impériale N.° 91 à 20.m à droite, vis-à-vis la Borne Kilométrique N.° 38.

Légende.

AB Reste d'un ancien cône qui se prolongeait suivant BC, jusque sur le flanc de la montagne du côté gauche, en barrant entièrement la Romanche.

BD Reste d'une grande troncature produite par érosion par la Romanche.

EF Pente d'un cône greffé en avant de la grande troncature.

FGH Reste d'une troncature du cône EF.

HI Autre troncature postérieure, qui a déterminé dans le cône greffé l'encaissement KL du lit actuel, traversant le chemin vicinal par un mur de chute.

MN Petit cône greffé devant la troncature HI, depuis que la Romanche corrode sa rive gauche — Si la Romanche n'emporte pas ce petit cône, il étendra sa base tout le long de la troncature HI, après quoi le torrent pourrait divaguer au hasard sur toute la surface du cône IKDF, dès que l'excavation KL sera comblée.

Ph. Arotin, autogr.

www.ingramcontent.com/pod-product-compliance
Ingram Content Group UK Ltd.
Pitfield, Milton Keynes, MK11 3LW, UK
UKHW022125190726
13855UKWH00003B/1044

9 782012 973039